기

바이에른

A : 뮌헨_ 국립 독일 박물관 | 호프브로이하우스

B : 괴팅겐_ 괴팅겐 대학 | 괴팅겐 수학 연구소

C : 가르미슈파르텐키르헨_ 추크슈피체

D : 울름_ 아인슈타인의 고향

E : 마인츠_ 구텐베르크 박물관

F : 기센_ 기센 수학 박물관

G : 프랑크푸르트_ 독일 영화 박물관 | 젠켄베르크 자연사 박물관

H : 프라이부르크_ 외코스타치온 | 보봉 단지

I : 하이델베르크_ 카를 보슈 박물관

J : 베를린_ 독일 기술 박물관

과학 선생님,

독일 가다

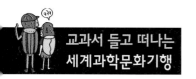

교과서 들고 떠나는
세계과학문화기행

# 과학 선생님, 독일 가다

한문정 · 홍준의 · 김현빈 · 이봉우 지음

정훈이 그림

푸른숲주니어

# 천 개의 표정을 가진 나라, 독일

내가 독일이라는 나라를 처음 알게 된 건 '그림 형제'의 동화책을 통해서였다. 백설 공주와 신데렐라가 있는 성과 헨젤과 그레텔의 과자로 만든 집이 있는 곳. 또 라푼젤이 긴 머리를 늘어뜨린 첨탑과 장화 신은 고양이, 개구리 왕자가 사는 동화의 나라. 이것이 어릴 적 내가 알던 독일의 전부였다.

한창 성장통을 앓던 청소년 시절엔 문학과 철학을 접하며 또 다른 독일과 만날 수 있었다. 또래 친구들에 비해 유달리 감수성이 예민했던 나는 시간만 나면 책에 푹 빠져 지내곤 했는데, 그때 읽은 전혜린의 《그리고 아무 말도 하지 않았다》에서 잊고 지내던 독일을 다시 맞닥뜨렸다. 그것도 손에 잡힐 듯 생생한 모습으로……. 독일에서 공부한 우리나라 최초의 여학생인 전혜린. 그녀가 묘사한 뮌헨의 회색빛 하늘과 낯선 땅에서의 고독이 어찌나 절절히 다가오던지……. 처음 뮌헨 공항에 내렸을 때 '아, 이게 바로 전혜린이 말한 회색빛 하늘이구나.'라는 생각이 가장 먼저 든 것도 그 때문이었다.

대학 시절에는 하이젠베르크의 《부분과 전체》를 읽으면서 독일의 문학과 철학이 과학에 어떠한 영향을 미쳤는지 비로소 이해할 수 있었다. 항상 논리적으로 생각하고 진지하게 토론하는 독일인의 생활 태도와 풍부한 인문학적 소양이 독일 과학의 눈부신 성장을 가져온 원동력이라는 것을 깨달은 것이다.

오랜 세월 동안 독일은 지방의 작은 공화국이 모여 있는 소국이었고, 19세기 말에 이르러서야 국가의 틀을 세우고 하나의 나라로 발전하기 시작했다. 그래서 과학이나 산업의 발전 속도가 프랑스와 영국에 비해 늦을 수밖에 없었다. 그러나 20세기에 접어들면서 독일 경제는 비약적으로 발전했고, 동시에 현대 과학에서도 눈부신 성과가 나타나기 시작했다. 양자 역학, 상대성 이론 같은 순수 과학뿐 아니라 항공기나 무기 산업, 염료, 합성 고무 등 응용과학 분야가 함께 발전하여 명실공히 세계 최고의 자리에 서게 된 것이다. 그러나 이런 자국의 과학 기술에 대한 지나친 자부심은 두 번의 세계 대전을 일으키게 한 원동력이 되고 말았으니 참으로 안타까운 일이 아닐 수 없다.

이미 프랑스와 영국을 다녀온 뒤라 이번 여행을 준비하는 과정은 한결 여유로웠다. 지방 분권이 잘 이루어진 나라답게 둘러보아야 할 과학 유산이 여러 도시에 흩어져 있어 전보다 훨씬 많이 돌아다녀야 했지만, 철도망이 잘 발달되어 있어 큰 불편함 없이 독일의 남부 뮌헨부터 북부의 베를린까지 여러 도시를 둘러보았다.

세계에서도 손꼽히는 국립 독일 박물관의 거대한 규모에 놀라기도 하고, 독일 과학 기술의 과거와 현재를 한눈에 볼 수 있었던 기술 박물관을 둘러보며 '역시 독일이구나!' 하고 감탄도 했다. 대표적인 환경 도시로 잘 알려진 프라이부르크에서 미래 도시의 청사진을 엿보았으며, 카를 보슈 박물관에서는 암모니아 합성이 인류에 미친 영향에 대해 진지하게 생각해 보기도 했다. 또 독일 알프스의 최고봉인 추크슈피체에 올라 빙하가 만든 멋진 장관에 한껏 취하기도 했다.

한정된 시간 안에 많은 것을 보느라 이번 여행 역시 강행군이었다. 그래도 돌이켜 생각해 보니 근대 과학의 뿌리가 된 유럽 곳곳을 둘러보았다는 사실에 마음 한구석이 뿌듯하다. 이런 우리의 노력이 교실 밖 과학을 꿈꾸는 청소년들과 과학을 테마로 한 여행을 떠나려는 독자들을 위한 작은 디딤돌이 되었으면 좋겠다.

마지막으로 이번 여행에 도움을 주신 유정하 박사님께 고마운 마음을 전한다. 박사님이 사 주신 독일 맥주의 맛과 그보다 더 맛있었던 풍성한 이야기는 오랫동안 잊지 못할 것이다. 더불어 좋은 책을 만든다는 보람 하나로 고생을 낙으로 여기는 우리 팀과 푸른숲 청소년팀에게도 하나밖에 모르는 독일어로 고마움을 전한다.

"당케 쉔!"

2009년 4월
한문정

Hahn, Lise Meitner und Fritz Straßman
1938 die Kernspaltung entdeckten.

*Experimental Apparatus with which the four by Hahn, Lise Meitner and Fritz that...*

# 차례

등장인물을 소개합니다!

## 한문정(한샘)

책과 영화와 여행을 좋아하는 만년 문학소녀로,
일명 '한 디테일'이라 불린다. 아무리 사소한 얘깃거리라도
한샘의 입을 거치면 드라마를 보듯 실감 나기 때문!
과학사에 정통하며 논리와 감성이 어우러진 과학 교육을
꿈꾼다. 유럽에서 와인의 참맛을 배워 매일 저녁 와인에
푸욱 빠져 산다는 후문이…….

## 홍준의(홍샘)

둥글둥글한 외모만큼이나 넉넉하고 푸근한 마음씨를 지녔다.
20년 넘게 교단에 서 온 베테랑 교사답게 아이들의 눈빛만
보고도 원하는 것을 파악하고 척척 해결해 주는 맥가이버 샘.
집에서는 "요리는 과학이다!"를 외치며 '갖은 양념'을 재료로
온갖 실험(?)에 매진하는 자상한 가장이기도 하다.
한때 배우를 꿈꾸며 연극 무대를 누빈 화려한 경력 때문일까?
가끔씩 날리는 귀여운 미소가 압권이다.

### 김현빈(빈샘)

다정다감하고 누구와도 잘 어울리는 친화력의 소유자.
자타 공인 '지구 마니아'로, 광물과 지층 구조, 화석 등에
애착이 많고 지구 환경에 대한 걱정으로 밤잠을 설친다.
자기 주장을 내세우기보다는 사람들의 의견에 귀기울이며
교통 정리를 해 주어 '총무' 역할에 제격이다. 고민 많고
외로운 자여, 모두 빈샘의 품으로 오라~

### 이봉우(이샘)

이번 여행의 일정과 교통편, 자료를 담당한 '준비의 달인'.
가족과의 놀이에도 철저한 사전 조사 없는 움직이지 않아,
꼼꼼함을 넘어선 소심함의 진수를 발휘한다. 거의 모든 잡기에
능해, 도박을 좋아하진 않지만 못하는 도박은 없을 정도.
연구와 취미, 특기가 모두 컴퓨터인 컴 마니아이자,
사람에 대한 배려심이 깊어 일명 '매너 리(Lee)'로 통한다.

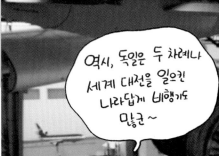

Deutsches
Museum

고고씽~

01

# 국립 독일 박물관

빈쌤~
어딨어요?

빈쌤 가방은
여기 있는데……

"짧지만 가치로운 삶,
실수 없는 지성, 동요하지 않는 열정,
크나큰 겸손과 자기 신뢰, 정의를 명확히 바라보고
그것을 꾸준히 추구하면서 살다가 죽다."
라이트 형제 중 윌버 라이트의 추도식에서 그의 아버지가 쓴 추도문

:: **관련 단원** 중학교 과학 1 지각의 물질  중학교 과학 1 힘  중학교 과학 2 지구와 별
중학교 과학 3 일과 에너지  고등학교 물리 1 힘과 에너지

# 쿵! 독일에 첫 발자국을 찍다

여행을 통해 더욱 풍요로워지는 과학! 과학과 함께여서 더욱 신나는 여행! 당찬 각오와 부푼 기대로 시작되었던 우리의 세계 과학 문화 기행은 프랑스와 영국을 거쳐 독일로 이어졌다. 독일에서는 과연 어떤 일들과 만나게 될까?

이번 독일 여행에서 방문한 첫 번째 도시는 뮌헨. 독일 남부 알프스 산맥 가까이에 자리한 이 도시의 한가운데로는 알프스에서 시작된 이자르 강이 유유히 흐른다. 우리가 제일 먼저 찾아간 국립 독일 박물관은 바로 이자르 강이 만든 모래섬에 자리 잡고 있다.

사람이든 공간이든 첫인상이 가장 중요한 법! 우리는 독일을 가장 잘 알 수 있는 곳이 어디일까 고민하다가 국립 독일 박물관에 첫 발자국을 찍기로 마음 먹었다. 그리고 부디 우리의 선택이 실패하지 않길 바라며 두 주먹을 불끈 쥐었다.

뮌헨 중앙역 앞에서 트램도로의 일부에 설치한 레일 위를 운행하는 노면 전차을 타면 박물관 앞으로 간다는 정보를 입수! 우리는 콧노래를 흥얼거리며 18번 트램에 몸을 실었다. 얼마나 달렸을까? 우리 앞에서 독일인 어머니와 아이가 내리려고 준비하는 것을 보고 눈치 빠른 한샘이 속삭였다.

"빈샘, 저 사람들도 박물관에 가는 것 같죠?"

그동안의 여행에서 얻은 교훈이 있다면, 잘 모를 때는 일단 현지인들을 따라가면 해결(?)된다는 것. 우리는 티 나지 않게 그들의 뒤를 따라

갔다. 아니나 다를까, 얼마쯤 지나자 오래됐지만 튼튼해 보이는 박물관 건물이 이자르 강 위에 모습을 드러냈다.

국립 독일 박물관은 뮌헨의 엔지니어 출신 사업가 오스카 폰 밀러가 평생에 걸쳐 일군 곳으로 유명하다. 1903년 뮌헨 시가 제공한 이 작은 모래섬에 박물관을 세우기로 계획하고 나서 건물이 완공되는 1925년 까지 무려 22년이라는 세월이 걸렸다. 독일이 1914년에 발발한 제1차 세계 대전에 패배하면서 재정적인 어려움을 겪게 되자, 오스카 폰 밀러 는 박물관 건립 기금을 모으는 일에서 전시물을 설치하는 기획까지 직 접 맡아서 했다. 그는 단순히 관람하는 박물관을 넘어 직접 만지고 느낄 수 있는 박물관을 만들겠다는 신념을 갖고 전시 시설을 관람객의 눈높 이에 하나하나 맞추어 설계하는 데 많은 시간을 들었다고 한다.

독일 박물관의 모습. 박물관 앞으로 이자르 강이 흐른다.

독일 박물관은 전체 8층 건물로 이루어져 있다. 흥미로운 사실은 순수 자연 과학뿐만 아니라, 터널이나 다리 같은 공학 기술과 관련된 전시물들도 많다는 것이다. 그중에서도 특히 실물을 그대로 전시한 비행기와 배는 그 크기 면에서 관람객들을 압도하기에 충분하다. 이 외에도 박물관 전체 전시물 수가 10만 점이 넘어, 제대로 찬찬히 보면 한 달 가까이 걸린다나…… . 정말 어마어마한 양이 아닐 수 없다. 대체 어디부터 둘러봐야 하나? 우리의 독일 여행은 그렇게 행복한 고민으로 시작되었다.


## 라이트 형제여, 기다려라!


우리는 우선 두툼한 박물관 지도부터 손에 넣었다. 그러고는 어디로

¹ 지하에 전시된 실제 배 ² 그라운드 층에 전시된 터널의 모습. 실제 크기로 만들어 당시 터널을 만들 때 쓰였던 나무 기둥들이 어떻게 내부를 받치고 있는지 잘 보여 주고 있다. ³ 화학 전시관에 전시된 화학 실험 장치 가운데 하나. 염산과 수산화나트륨의 중화 반응을 보여 준다. 먼저 수산화나트륨 수용액과 지시약인 페놀프탈레인이 가운데 시험관에서 만나 붉은색이 되었다가, 염산 용액이 들어가면 붉은색이 사라진다. ⁴ 2층에 자리한 유리 전시관의 유리 실험 기구들 ⁵ 모래에서 뽑아낸 산화규소 성분이 유리로 바뀌는 과정이 원탁 안에 담겨 있다. ⁶ 3층 천문 전시관에 전시된 모형 인공위성

갈 것인지 정하기 위해 지도를 뚫어져라 바라봤다. 그런데 바로 그 순간, 지도에서 반짝하고 빛을 내는 곳이 있었다. 바로 비행 전시관이었다. 라이트 형제의 비행기를 직접 볼 수 있다는 사실에 우리는 조금의 고민도 없이 발걸음을 옮겼다. 라이트 형제여, 기다려라!

비행 전시관은 1층과 2층을 통째로 사용할 만큼 전시물의 양이 어마어마했는데, 작은 새부터 연, 기구, 비행기, 우주선에 이르기까지 그야말로 땅 위를 나는 것은 모두 한자리에 모여 있었다. 2층 입구에 들어서자 초기 비행의 역사를 보여 주는 대표적인 비행기구들이 전시되어 있었다. 새처럼 날개를 움직여서 날 수 있도록 설계한 레오나르도 다빈치의 날개 모양 비행기 모형, 최초로 하늘을 날았던 오토 릴리엔탈의 글라이더 모형, 2000m 상공까지 올라갔던 몽골피에의 기구 모형, 대형 비행선 모형 등을 보는 내내 우리는 입을 다물지 못했다.

전시된 비행기구 중에는 유난히 천장에 매달린 것이 많았다. 우리가 찾았던 라이트 형제의 비행기도 '라이트WRIGHT'라는 글자가 선명하게 찍힌 날개를 활짝 펴고 금방이라도 하늘을 날아오를 듯이 매달려 있었다.

미국 출신의 윌버 라이트와 오빌 라이트 형제는 1903년에 세계 최초로 동력으로 움직이는 비행기를 만들어 첫 비행에 성공했다. 라이트 형제가 만든 비행기는 바람을 타고 날던 글라이더와 달리, 엔진과 프로펠러를 달았고 날개를 두 층으로 만들었다. 그들은 비행기가 잘 날 수 있도록 가벼운 엔진과 프로펠러까지 직접 만들었다. 독일 박물관에 전시된 '라이트호'는 1908년과 1909년에 유럽에서 비행기를 만들었던 그들

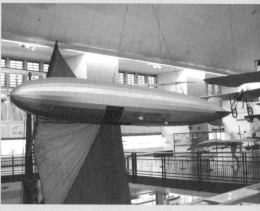

1 '글라이더의 왕'이라고 불리는 오토 릴리엔탈의 글라이더 모형. 베를린 공항은 그의 이름을 따서 베를린 테겔 오토 릴리엔탈 공항이다. 2 체펠린(1838~1917)이 개발한 LZ 시리즈 비행선. 유선형 선체에 수소 가스 주머니를 넣어 만든 대형 비행선으로, 제1차 세계 대전 당시 벨기에와 영국 공습에 사용되었다. 3 실제 루프트한자 독일 항공기를 잘라 낸 단면. 우리가 타고 왔던 비행기의 의자와 그 아래 화물칸의 모습까지 속속들이 확인할 수 있었다. 놀라웠던 건 비행기를 만드는 차체가 생각보다 두껍지 않다는 사실이었다. 4 1층 비행 전시관에는 비행기의 모든 것이 전시되어 있다. 천장에도 여러 대의 비행기가 매달려 있다.

1 라이트 형제가 1909년 독일에서 만들었다는 표준형 A 2 태양 전지 비행기. 날개에 부착한 태양 전지에서 얻는 전기로 모터를 돌려 날아가는 무인 비행기이다. 이런 다양한 비행기들을 보며 자라는 아이들은 친환경적인 새로운 에너지로 날 수 있는 비행기를 설계할 수도 있지 않을까? 3 융커스(Junkers Ju 32). 제2차 세계 대전에서 활약한 독일의 3발 수송기로, 폭격기로도 사용됐으나 속도가 느려 격추를 많이 당했다. 일명 '융 아줌마'라 불리기도 한다. 4 비행기를 움직여 보는 가상 장치에 탑승한 독일 어린이. 매너 좋은 이샘은 운전을 하다가 아이들이 오면 얼른 일어나 양보를 해 주는 친절함을 잊지 않았다.

이 이곳 독일에서 선보였던 비행기 중 한 대이다.

이곳에는 유독 1818년과 1945년 사이에 제작된 비행기가 많았다. 두 차례나 세계 대전을 일으킨 독일답게 전쟁을 목적으로 한 비행기가 많았던 것이다. 전쟁과 함께 발달한 비행기의 역사라니…… 많은 사람들이 죽고 다치는 최악의 상황 속에서도 무언가는 생겨나 진화한다는 사실이 역사의 아이러니로 다가왔다. 오늘날의 비행기는 주로 사람과 물자를 나르는 운송 수단의 역할을 담당하고 있으니, 앞으로 발전하는 비행기의 역사는 전쟁과 크게 상관이 없었으면 좋겠다.

그 밖에도 흥미로운 비행기가 무척 많았다. 비행기의 속도에 획기적인 변화를 가져온 제트 비행기와 헬리콥터, 그리고 우주 정거장에 있는 유럽식 모듈까지…… 정말 비행기의 모든 것을 볼 수 있었다. 뿐만 아니라 대부분의 비행기가 실물 그대로인 데다가, 내부를 쉽게 볼 수 있도록 날개나 엔진 쪽을 잘라 놓거나 관람객이 직접 들어갈 수 있도록 개방되어 있어서 기억 속에 오래오래 남을 것 같았다.

"어? 우리가 타고 왔던 루프트한자 비행기네?"

이샘이 가리키는 곳을 보니, 정말로 우리가 타고 온 비행기가 두 동강이 난 채 내부를 훤히 드러내 놓고 있었다.

"재미있긴 한데, 왠지 추락한 비행기처럼 보이지 않아요? 으……, 좀 끔찍하네요."

우리가 안전하게 타고 온 비행기가 두 동강 나 있는 것을 막상 눈앞에서 보니, 이샘의 말처럼 살짝 소름이 끼치기는 했다.

많은 관람객들이 비행기 내부로 들어가 조종석까지 꼼꼼하게 관찰했다. 비행의 느낌을 직접 체험할 수 있는 가상 장치는 특히 어린아이들에게 인기 만점이었다. 옛날 사람들이 하늘을 나는 새를 보며 날고 싶다는

## 프로펠러 비행기에서 제트 엔진 비행기까지

라이트 형제는 바람을 이용해 나는 글라이더를 넘어 자체 동력으로 하늘을 나는 프로펠러 비행기를 최초로 만들었다. 프로펠러의 날개가 돌면서 공기를 뒤쪽으로 밀어내 그 반작용으로 추력을 얻어서 앞으로 나아가는 것이었다. 이 추력으로 속도를 얻은 비행기가 중력을 이길 만큼 양력이 커지면 뜰 수 있게 된다. 이때 항력은 이 추력을 방해하는 힘, 즉 공기가 저항하는 힘이다. 그러나 프로펠러 비행기는 음속에 가까워지면 프로펠러에 충격파가 생겨 속도가 떨어진다. 그래서 이 프로펠러 비행기의 속도를

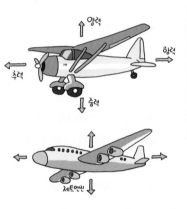

넘어 시속 700~800km 이상의 빠른 속도로 날게 해 주는 것이 바로 제트 엔진이다.

비행기에 달려 있는 제트 엔진을 보여 주기 위해 겉부분을 벗겨 내고 내부 구조만 드러냈다.

독일 출신 한스 폰 오하인이 만든 최초의 제트 엔진 He S3B의 모형. 아쉽게도 실물은 남아 있지 않다.

제트 엔진은 압축시킨 공기를 빠르게 분출하면서 그 반작용으로 속도를 얻어 고속으로 날아갈 수 있도록 만들어졌다. 오늘날의 비행기들이 사용하는 엔진도 이 제트 엔진이다. 독일 박물관 1층에는 제트 엔진만 따로 전시해 놓았다.

꿈을 가졌듯이, 지금의 아이들은 이곳에서 비행기를 바라보며 저마다 미래의 비행기구를 상상해 보겠지?

## 빈샘, 종이와 놀다가 길을 잃다

3층 전시관의 주제는 물질과 생산물이었다. 종이, 유리, 금속, 광물 등 여러 가지 물질을 만드는 방법과 그 물질로 만드는 생산품이 전시돼 있었다.

맨 처음 둘러본 곳은 종이 전시실이었다. 종이가 동양에서 먼저 만들어졌기 때문일까? 전시실에 들어서는데, 일본 사람이 닥나무에서 식물 섬유를 얻는 과정을 재현해 놓은 것이 가장 먼저 눈에 들어왔다. 다른 쪽에는 19세기 때 종이를 만드는 데 사용했던 나무로 된 기구들과 현재 사용되는 기계들이 전시되어 있었다.

종이의 원료가 펄프라는 것은 다들 알고 있겠지? 그렇다면 펄프는 무엇일까? 펄프는 바로 식물 섬유인 셀룰로오스를 뽑아낸 것을 가리킨다. 이곳에서는 펄프가 만들어지는 과정을 볼 수 있었다. 가장 먼저 나무를 으깨는 분쇄기가 개발되었고, 이 분쇄기 덕분에 대량으로 만들어진 펄프 원료를 수산화나트륨 수용액에서 삶아 불순물을 녹여낸 후 섬유만 남기면, 품질이 우수한 펄프가 태어난다.

그런데……, 내가 너무 열심히 관람을 했나? 전시관을 나오자 일행이 모두 사라져 버렸다. 나중에 어디서 모이자는 약속도 하지 않았는데 이 넓디넓은 박물관에서 나 혼자 어떡하라고……. 이제 곧 점심도 먹어야 하는데……. 나는 주린 배를 부여잡고 일행을 찾아 박물관을 뒤지기 시작했다.

처음부터 차근차근 찾아보려고 내려간 1층. 그때 내 눈에 동굴처럼 생긴 입구가 보였다. 혹시 일행이 그곳으로 가지는 않았을까? 나는 지푸라기라도 잡는 심정으로 '광업'이라고 적힌 입구 안에 발을 들여놓았다. 점점 아래로 내려가게 되어 있는 그 길은 어둡고 좁은 터널이었다. 무서운 마음에 돌아 나갈까 싶기도 했지만 금세 일행을 만날 수 있을지도 모른다는 생각에 용기를 냈다. 그러나 캄캄하고 긴 터널 속을 내내 혼자 헤매어 다니려니 다리가 후들거렸다.

그때 저 멀리서 보이는 독일 관람객들이 어찌나 반갑던지……. 기왕

1종이를 작게 자르는 기구. 본체는 나무로 만들었다. 2작게 자른 종이를 눌러 물을 빼는 기구. 이 과정을 거치면 종이가 더욱 질겨진다.

들어왔으니 볼 건 보고 가자는 용기까지 생겼다. 나는 두 눈을 동그랗게 뜨고 주위를 둘러보았다. 그곳은 암염을 캐는 광산과 석탄을 캐는 인부들의 모습을 재현해 놓은 탄광이었다.

암염은 땅속에서 나오는 소금 덩어리 암석이다. 우리는 대개 바닷물을 가둬 만든 염전에서 소금을 얻지만, 과거에 바다였던 지역에서는 염화나트륨NaCl이 침전되어 암염이 만들어지기 때문에 소금을 땅에서 캔다. 독일에는 알프스 산맥이 있는 남부 베르히테스가덴 근처에 암염 광산이 있다.

터널 안에는 실제 광물을 캐는 장비와 차량들이 전시되어 있어 정말로 탄광 안에 있는 느낌이 들었다. 뿐만 아니라 갱도와 갱도 사이의 넓은 공간은 전시실로 꾸며 놓았는데 채굴된 암염이나 석탄 등의 광물과 그것의 쓰임새, 자원 절약의 방법 등이 전시되어 있었다.

종이로 만든 제품들을 전시해 놓은 방. 중앙에는 실험을 할 수 있는 테이블이 마련되어 있다.

<sup>1</sup>1950년대 석탄을 운반하는 화물차가 수직에 가까운 갱도를 내려가는 모습을 재현해 놓았다. <sup>2</sup>오늘날 탄광을 뚫을 때 사용되는 기계 <sup>3</sup>채굴한 원석들이 처리 과정에서 얼마나 작아지는지 정리해 놓았다.

이 터널은 박물관 안에서 가장 큰 전시관 중 하나로 길이가 자그마치 900m나 되었다. 나는 가도 가도 끝이 보이지 않는 터널 속을 혼자 걸었다. 한참 뒤 빛을 보게 될 때까지도 일행은 찾을 수가 없었다. 하지만 무서움에 떨면서도 볼 만한 걸 놓치지 않았다는 뿌듯함에 입가에는 절로 미소가 떠올랐다.


## 날씨의 탑


결국 샘들 찾는 일을 포기한 채 맨 위층으로 올라갔다. 그런데 이게 무슨 운명의 장난이란 말인가.

"빈샘, 어디 계셨어요!"

익숙한 목소리에 고개를 돌려 보니 출구 바로 맞은편에 일행이 있는 게 아닌가. 찾으려고 할 때는 그렇게 안 보이더니……. 나는 핑 도는 눈물을 애써 감추고 환한 웃음을 머금은 채 샘들에게 다가갔다.

우리는 다시 함께 건물 옥상, 즉 천체 투영관이 있는 곳으로 올라갔다. 그런데 아쉽게도 관람 시간이 이미 지나 있었다. 옛말에 전화위복이라고 했던가. 작은 옥상 한구석에 햇빛을 받아 반짝이는 온갖 종류의 해시계가 허탈한 표정의 우리를 반기고 있었다.

"박물관에서는 항상 전시실 안의 해시계만 봤는데, 이제야 제대로 된 해시계를 보네요."

내 말에 모두들 공감을 하며 머리를 끄덕였다. 그때였다.

"어? 저 탑에 장치된 것들은 뭘까요?"

바로 앞, 이샘이 가리킨 탑의 생김새가 심상치 않았다. 자세히 살펴보니 탑 꼭대기에는 풍향 풍속계가, 벽면에는 온도계와 기압계, 그리고 습도계가 설치되어 있었다.

"아! 기상 캐스터 탑이네요."

"정말!"

1911년에 세워진 이 탑은 국립 독일 박물관보다 먼저 만들어져 오랫동안 뮌헨의 이정표 역할을 해 왔다. 1922년 외관에 온도계와 같은 기상 장치를 단 뒤부터 뮌헨 시민들의 사

¹4층에서 6층까지 이어진 천체 투영관 ²옥상에 설치된 해시계 가운데 하나. 꼭대기의 원반 가운데 구멍에 햇빛이 들어오면 정오를 알 수 있는 정오 해시계이다. ³신기하게 생긴 다면체 해시계. 다면체 각 면에 방향과 각도가 각기 다른 해시계를 설치해서 같은 시각을 보여 준다. ⁴박물관 탑의 오른쪽 벽면에는 기압계가, 왼쪽 벽면에는 습도계가 있다.

랑을 더욱더 많이 받았다고 한다.

우리는 그날의 날씨를 한눈에 알 수 있게 해 주는 그 탑에서 오래도록 눈을 떼지 못했다.


## 과학자의 방을 엿보다

옥상에서 내려온 뒤, 드디어 국립 독일 박물관에서 개인적으로 가장 보고 싶었던 갈릴레이 실험실로 향했다. "그래도 지구는 돈다."는 말로 유명한 갈릴레이는 철학자이자 천문학자, 물리학자이면서 과학 혁명의 주역이 아닌가. 특히 실험을 통해 검증할 수 있는 물리만을 지향했던 그였기에, 그의 실험이 어떤 식으로 구현되어 있을지 무척이나 궁금했다.

실험실은 역학 전시관에 재현되어 있었다. 그곳에서 가장 눈에 띈 것은 갈릴레이가 경사면 실험을 했던 큰 나무 경사대 모형이었다. 갈릴레이는 같은 경사면에서 이동 거리를 다르게 한 뒤 구가 내려오는 데 걸린 시간을 측정해서 이동 거리와 시간의 관계를 밝혀냈다.

역학 전시관에는 마그데부르크 반구 실험에 사용됐던 진짜 반구도 전시되어 있었다. 괴리테는 1663년 마그데부르크 시의 시장으로 재직

## 아리스토텔레스, 네가 틀렸어!

아리스토텔레스의 이론에 따르면, 떨어지는 물체의 빠르기는 항상 일정하며 무게에 비례한다. 그런데 과학자 갈릴레이가 이를 확인하기 위해 공을 경사면에 굴리는 실험을 한 결과, 경사면을 따라 떨어지는 물체가 처음에는 느리게 움직이다가 점점 빠르게 움직인다는 사실이 확인됐다. 공이 굴러간 거리가 시간의 제곱에 비례한 것. 이 실험을 통해 갈릴레이는 아리

갈릴레이 경사면 실험에 사용된 경사면대. 가운데에 홈이 파여 공이 잘 굴러갈 수 있다.

스토텔레스의 말이 틀렸다는 것을 밝혀내고, 일정한 힘을 가하면 속도도 일정하게 변한다는 가속도의 개념을 확립했다.

이 실험에서 갈릴레이는 가속의 원리를 밝히기 위해 경사면이라는 실험 도구를 설계했다. 최초로 실험을 위한 기구를 설계했던 갈릴레이는 이후 과학자들에게 많은 영향을 주었고, 과학 발전의 계기를 마련했다.

할 때, 기압의 크기를 보여 주고자 반구 두 개를 포갠 다음 공기를 빼고 양쪽에서 말 16마리가 끌도록 했다. 과연 실험의 결과는? 처음에는 쉽게 떨어지지 않았으나 결국 큰 폭음과 함께 떨어지고 말았다. 이때 말이 잡아당기는 힘이 사용되었다고 해서 힘의 단위로 마력을 쓰기도 한다.

이 밖에도 진공 상태일 때와 아닐 때, 물체가 떨어지는 가속도의 차이를 볼 수 있도록 긴 유리통을 뒤집어서 동전을 떨어뜨려 보는 장치, 공기를 빼서 진공 상태를 만들었을 때 질량을 측정해 보는 장치, 아르키메데스를 목욕탕에서 뛰어나오게 했던 왕관의 부력을 알아보는 실험 등을 직접 체험해 볼 수 있는 전시물이 관람객들의 발목을 잡았다.

1 갈릴레이의 실험실 2 아르키메데스가 했다는 왕관 실험. 왕관과 금덩어리를 물에 담그면 물이 올라온다. 만약 왕관을 만든 금이 순수한 금이 아니라면 어떻게 될까? 3 마그데부르크 반구 4 시종일관 진지한 표정으로 가이드 할아버지의 설명에 귀를 기울이는 관람객들

이 전시관에는 전시물 외에도 무척이나 인상적인 광경이 하나 있었다. 바로 갈릴레이 실험실 앞의 할아버지가 그 주인공이다. 할아버지는 관람객들을 모아 놓고 열심히 설명을 해 주고 있었다.

"이샘, 정말 멋지지 않아요? 저렇게 백발이 성성해서도 누군가에게 도움이 되는 일을 계속할 수 있다니 말이에요."

"그러게요, 저도 나중에 늙어서 박물관에서 봉사하고 싶어요."

"직접 박물관을 짓는 건 어때요? 그러면 내가 가서 봉사해 줄게요."

비록 장난스럽게 얘기하긴 했지만 결코 농담은 아니었다. 나이가 든 뒤, 내 인생에 지대한 영향을 준 박물관에서 내가 배운 것을 나누는 일을 한다면 그것만큼 보람된 일도 없을 테니까.


## 또 하나의 독일 박물관, 교통 박물관

국립 독일 박물관은 본관 이외에도 교통 박물관을 따로 운영하고 있었다. 교통 박물관은 총 세 군데의 전시실로 나누어져 운송, 여행, 이동과 기술 등에 사용되는 각종 교통수단을 전시하고 있었다.

전시관 전체를 대도시처럼 꾸민 1관에서는 도시 운송과 관련된 모든 종류의 교통수단을 볼 수 있었다.

"자동차 경적 소리가 들리는 것 같아요!"

지하철은 물론 버스, 택시, 트램, 화물 자전거, 대형 버스, 응급차, 인

뮌헨 교통 박물관의 전경

명 구조용 헬기까지 총망라되어 있는 데다 버스와 차, 오토바이 들이 마치 달리는 것처럼 전시되어 있어서 마치 실제 도시의 번잡한 도로 위에 서 있는 듯한 착각을 불러일으켰다.

여행을 주제로 한 전시관에는 기차와 자동차가 주를 이뤘다. 전시관 안에 아예 선로를 깔고 건널목 신호기까지 설치하는 등 실제 기찻길을 그대로 재현해 놓기도 했다. 그 외에 화려한 마차와 구식 자동차, 그리고 산악 열차 등 여행과 관련된 각종 교통수단을 볼 수 있었다. 뿐만 아니라 19세기와 20세기에 여행에 대한 수요가 증가하면서 여행 문화가 급속히 발달함에 따라 교통수단이 어떻게 발달되었는지 살펴보는 것도 유익했다.

이동과 기술을 주제로 한 세 번째 전시관에는 자동차뿐만 아니라 스키, 썰매, 자전거 등이 전시되어 있었다. 특히 19세기 손수레용 자전거

1 교통 박물관 1층. 도심 한가운데를 달리는 차들과 트램이 보인다. 심지어 하늘에는 헬기도 떠 있다. 이곳에는 신호등과 교통 표지판도 다 갖추어져 있다. 2 한때 독일 거리를 누비던 삼륜차와 화물 오토바이 3 제2전시관의 모습. 기차가 가운데의 긴 선로를 따라 늘어서 있고 반쪽은 2층으로 구성되어 있다. 4 산악 열차. 산악 열차는 19세기 중엽에 설치되었는데 바퀴와 선로가 맞물리기 때문에 경사진 곳에서도 미끄러지지 않고 잘 올라간다. 5 선로 위의 기차들과 1900년대에 유행했던 화려한 자동차들

1 경주용 자동차의 역사를 보여 주는 전시물 2 무공해 자동차 3 어린아이들이 타던 썰매의 변천사를 보여 주는 전시물

부터 오늘날의 산악 자전거까지 수십 대의 자전거가 벽에 일렬로 걸려 있는 모습이 인상적이었다.

한편 새로운 에너지원 자동차로 연구 중인 수소 연료 전지 자동차도 따로 전시가 되어 있었다. BMW에서 제작한 것으로, 차와 수소 엔진, 그리고 수소를 전기 분해하는 실험 장치까지 갖추어져 있었다. 수소 연료 전지 자동차는 탄소 산화물, 질소 산화물, 탄화수소 등이 없는 무공해 자동차로서, 환경을 중요하게 여기는 오늘날의 국제 사회에서 주목받고 있다. 이 밖에도 자전거를 탈 수 있는 공간과 가상 운전 장치 등 관람객의 흥미를 끄는 시설들이 가득했다.

국립 독일 박물관은 오래된 역사만큼이나 웅장하고 매력적인 곳이었다. 또한 각종 교통수단과 다양한 소재를 전시하고 그것의 쓰임새에 초점을 맞춘 것에서 실용성을 강조하는 모습을 엿볼 수 있었다.

박물관은 전시물뿐만 아니라 그 나라의 문화가 스며 있는 공간이다. 독일 박물관도 예외는 아니었다. 독일인의 과학 기술에 대한 남다른 관심이 이론에 그치지 않고 현실에 고스란히 스며들어 있는 것을 국립 독일 박물관에서 생생히 확인할 수 있었다. 그것은 실용을 중시하는 독일의 실제 모습이기도 했다.

국립 독일 박물관으로 장식한 독일의 첫 발자국. 우리의 선택은 대성공이었다! **민샘**

### 국립 독일 박물관 찾아가기

**홈 페 이 지** ▶ www.deutsches-museum.de

**주    소** ▶ Museumsinsel 1, 80538 München

**교 통 편** ▶ U반 : 뮌헨 중앙역에서 1번 또는 2번 노선을 타고 Fraunhofer Strasse 역에서 하차

　　　　　S반 : 뮌헨 중앙역에서 S반을 타고 Isartor 역에서 하차

　　　　　트램 : 뮌헨 중앙역에서 18번을 타고 Deutsches Museum 역에서 하차(17번은 Isartor 역)

　　　　　버스 : 131번을 타고 Boschbrücke 역에서 하차

　　　　　* '뮌헨 웰컴 카드'가 있다면 트램을 이용해야 덜 걷는다.

**개관 시간** ▶ 09:00～17:00

**휴 무 일** ▶ 1월 1일, 2월 28일, 4월 14일, 5월 1일, 11월 1일, 12월 24·25·31일

**입 장 료** ▶ 〈독일 박물관〉 일반 8.5유로, 학생 3유로 〈교통 전시관〉 일반 2.5유로, 학생 1.5유로

　　　　　〈항공 전시관〉 일반 3.5유로, 학생 2.5유로 〈3개관 공통권〉 10유로

### 뮌헨 교통 박물관

**주    소** ▶ Theresienhöhe 14a 80339 München

**교 통 편** ▶ U반 : 뮌헨 중앙역에서 4번 또는 5번 노선을 타고 Schwanthalerhöhe 역에서 하차

　　　　　S반 : 뮌헨 중앙역에서 S반을 타고 Hackerbrücke 역에서 하차

**개관 시간** ▶ 09:00～17:00

## 독일 기초 과학의 산실
# 막스 플랑크 연구소

독일과 우리나라는 비슷한 점이 많다. 우리가 남북으로 갈라져 있는 것처럼, 독일도 얼마 전까지 동서로 나뉜 분단국가였다. 또한 1, 2차 세계 대전이라는 큰 전쟁을 겪고 폐허가 된 나라를 라인 강의 기적으로 되살린 것도, 한국 전쟁이라는 비극을 겪고 난 후 한강의 기적으로 산업화를 이룬 우리나라의 역사와 통하는 점이 있다. 전쟁으로 온 나라가 초토화된 독일이 오늘날 과학 분야의 선진국이 될 수 있었던 원동력은 무엇일까? 여러 가지를 들 수 있겠지만, 막스 플랑크 연구소도 그중 하나라는 데 이의를 달 사람은 없을 것이다.

막스 플랑크 협회는 독일에서 기초 과학을 연구하는 가장 대표적인 곳으로, 독일 전역에 70여 개의 연구소를 설립하여 운영하고 있다. 막스 플랑크 협회의 전신은 카이저 빌헬름 재단이다. 1911년에 문을 연 카이저 빌헬름 물리학 연구소의 초대 회장은 우리에게 너무나도 잘 알려진 아인슈타인이었다. 그는 이 연구소에서 일반 상대성 이론을 완성했다. 제2차 세계 대전이 끝난 뒤인 1948년, 하이젠베르크는 카이저 빌헬름 물리학 연구소를 해체하고 막스 플랑크 연구소를 창설해 초대 회장이 되었다.

[1]막스 플랑크 연구소 앞에서 기념사진 한 장 찰칵! 누가 가장 과학자처럼 나왔을까? [2]막스 플랑크 연구소에서는 핵융합 원자로(토카막) 내부에 있는 벽을 뜯어서 핵융합이 일어날 때의 환경을 연구하고 있다. [3]뮌헨 공과대학 물리학과에 있는 연구용 원자로. 이 원자로는 전 세계의 연구자들에게 열려 있다.

운이 좋게도 우리는 일반인의 출입이 제한된 막스 플랑크 연구소를 방문할 수 있는 기회를 얻었다. 이번 독일 기행에 많은 도움을 주었던 한샘의 지인(7장에서 본격적으로 등장!)이 막스 플랑크 연구소에서 일하는 연구원이었기 때문이다. 와, 이런 행운이!

우리가 방문한 곳은 70여 개의 막스 플랑크 연구소 중에서도 뮌헨 공과대학 앞에 있는 '막스 플랑크 플라스마 물리학 연구소'였다. 플라스마? 조금 낯설게 들리는 이름이지만, 플라스마는 형광등이나 네온등, PDP 등에 사용하는 이온화된 기체로 우리 주변에서 자주 쓰이는 물질이다.

플라스마는 여러 분야에서 각광을 받고 있는데, 특히 핵융합에 이용되기 때문에 더더욱 중요하게 여겨진다. 핵융합? 잘못하면 원자 폭탄이 터지는 것 아니냐고? 조금도 걱정할 필요 없다. 핵융합이라고 하면 으레 원자 폭탄이나 원자력 발전을 떠올리겠지만 사실 이때 이용되는 것은 핵분열이다. 핵분열은 말 그대로 원자핵이 쪼개지면서 에너지를 만드는 것이고, 핵융합은 그와 정반대! 원자핵이 합해지면서 에너지를 만드는 것이 바로 핵융합이다. 물론 핵융합을 이용한 수소 폭탄도 있긴 하지만……

원자핵은 양성자와 중성자로 이루어져 있다. 원자핵이 쪼개져서 다른 원자가 될 때 원래의 원자와 쪼개진 원자들의 질량을 재 보면 약간의 차이가 난다는 것을 알 수 있다. 그 질량 차에 해당하는 에너지를 이용하는 것이 바로 핵분열이다.

반면 핵융합은 두 개의 원자핵이 합해지는 과정이다. 두 개의 원자핵이 합해지려면 보통은 에너지가 필요한데, 가벼운 원소들이 합해질 때는 반대로 에너지가 방출된다. 그래서 핵융합에는 가장 가벼운 원소인 수소가 사용되는 것이다. 중수소와 삼중 수소가 합쳐져 헬륨이 되면서 질량이 줄어드는데, 이

것이 에너지로 바뀌는 것을 이용하는 셈이다. 핵분열에 쓰이는 우라늄은 매장량에 한계가 있지만, 수소는 물에서 쉽게 구할 수 있기 때문에 끝없이 에너지를 만들 수 있다. 게다가 핵융합 과정에서 방사능도 적게 나온다. 이것 역시 장점 가운데 하나이다.

그래서 수많은 나라들이 핵융합에 관해 너도나도 밤을 새우며 연구하고 있다. 핵융합을 하기 위해서는 태양과 같이 초고온, 초고압 상태가 지속되는 핵융합로가 필요하다. 그래서 도넛 형태로 만든 토카막이라는 장치 속에 자기장을 가두어서 높은 온도의 플라스마 상태를 만든다.

막스 플랑크 플라스마 물리학 연구소에서는 플라스마 상태를 지속시키는 방법이나 토카막 내부의 플라스마 구조에 대한 다양한 연구가 이루어지고 있다. 핵융합을 이용한 에너지 개발을 위하여 과학자들이 오늘도 땀을 흘리고 있는 곳이 바로 여기다.

최근 유럽 연합을 중심으로 국제 핵융합 실험로 건설 사업이 벌어지고 있는데, 그 연구의 중심지도 바로 이 연구소이다. 최근에는 우리나라에서도 연구가 활발히 이루어지고 있다. 2007년, 대전에 위치한 국가 핵융합소 내에 한국 초전도 핵융합 연구 장치가 설치되었다. 이곳에서 과학자들이 밤낮없이 연구를 하고 있으니, 막스 플랑크 연구소 따라잡기가 가능해질 날을 기대해 봐도 되지 않을까?

핵융합을 이용한 에너지 개발이 실용화되면 지구 안에 작은 태양을 만드는 것과 마찬가지가 된다. 그러면 에너지 문제를 한 방에 해결하게 되는 셈이다. 하루가 다르게 유가가 치솟는 요즘, 하루 빨리 그런 날이 와서 자동차와 비행기를 부담 없이 타고 다닐 수 있으면 좋겠다. 이색

## 02

핵물리학의 쓴 열매, 원자 폭탄

# 뮌헨과 괴팅겐의
# 과학자들

무시무시할 줄
알았는데……

"과학이 전부는 아니다.
그러나 과학은 아름다운 것이다."
오펜하이머, 미국의 물리학자

:: 관련 단원 고등학교 물리 2 원자와 원자핵  고등학교 화학 2 물질의 구조

# 수천 개의 태양

"수천 개의 태양이 한 번에 폭발해 그 섬광이 전능한 하느님의 영광
인 하늘로 날아간다면⋯⋯. 나는 죽음의 신이요, 세상의 파괴자다."

미국 원자 폭탄 제조 계획의 책임자였던 오펜하이머는 고대 인도의
힌두교 경전 가운데 하나인 《바가바드기타》의 구절을 인용하여 위와
같이 말했다. 그런데 '수천 개의 태양'이라니? 그것은 바로 원자 폭탄을
일컫는 말이다. 그의 예언이 맞아떨어지기라도 한 걸까? 실제로 제2차
세계 대전 당시, 일본 히로시마와 나가사키에 투하된 원자 폭탄은 죽음
의 신이자 세상의 파괴자가 되어 세계의 역사를 바꾸어 놓았다.

원자 폭탄은 20세기에 접어들면서 새롭게 떠오른 학문인 핵물리학의
열매이다. 핵물리학이 태동할 무렵에는 유럽의 수많은 과학자들이 국
경을 넘어 서로 협력하면서 핵물리학 연구의 꽃을 피웠다. 그러나 전쟁
앞에서 그들의 연구는 그 모습을 바꾸어 버렸다. 핵물리학 연구가 세계
최대의 살상 무기인 원자 폭탄의 개발로 이어진 것이다. 이 파란만장한
역사에는 수많은 과학자들이 등장했는데, 그 중심에 바로 독일의 과학
자들이 있다.

독일 원자력 프로젝트의 책임자였던 물리학자 하이젠베르크의 저서
《부분과 전체》에는 원자 폭탄과 관련된 당시의 일들이 자세하게 기록되
어 있다. 이 책은 새로운 물리학이 꽃피게 된 배경과 학자들 간의 학문

적인 토론은 물론, 전쟁이 일어난 뒤 나치 치하에서의 생활과 원자 폭탄 개발에 얽힌 과학자들의 고뇌를 담고 있어, 사회와 과학의 관계에 대해 깊이 생각해 보는 계기를 제공한다.

여기서 문득 떠오른 생각 하나! 우리가 과학자의 입장이 되어 그 고민을 함께 나눠 보는 것도 흥미로운 일이 아닐까? 그래서 우리는 하이젠베르크의 이야기를 따라 뮌헨과 괴팅겐, 베를린을 찾았다.

# 뮌헨에서 엿보는 하이젠베르크의 흔적

　뮌헨에서 자라 뮌헨 대학을 다닌 베르너 하이젠베르크는 뮌헨 대학에서 그리스 및 비잔틴 문헌학을 가르쳤던 아버지의 영향으로 인문학적 소양이 뛰어났으며, 철학과 음악에도 조예가 깊었다. 음악에 조예가 깊었던 독일의 과학자가 또 있었으니, 바로 아인슈타인! 아인슈타인은 바이올린을 즐겨 연주했다고 하고, 하이젠베르크는 피아노 연주를 즐겼다고 한다. 둘이 함께 연주를 했다면 어떤 음악이 나왔을까? 음악의 수준을 떠나 두 과학자의 하모니라는 것만으로도 충분히 화제가 되었을 텐데……

　하이젠베르크는 서른두 살의 젊은 나이에 노벨상을 받았다. 될성부른 나무는 떡잎부터 알아본다고 했던가? 어릴 적부터 다른 사람들보다 뛰어났던 그는 대학에 입학할 때 왕립 영재 교육 재단이 선발하는 장학

1 하이젠베르크가 공부한 김나지움이 있던 주 의회 건물 　2 뮌헨 대학 본관 앞

생으로 뽑히기도 했다. 김나지움 우리의 중·고등학교 과정에 해당하는 중등 교육 기관에 다니던 시절, 그는 아인슈타인의 상대성 이론에 관한 책을 읽은 뒤 수학에 특별한 관심을 갖기도 했다. 그런 하이젠베르크를 위해 그의 아버지는 뮌헨 대학의 좀머펠트 교수를 소개시켜 주었는데, 좀머펠트 교수의 따뜻한 조언에 힘입어 그는 이론 물리학의 길을 걷게 되었다.

하이젠베르크를 후원했던 왕립 영재 교육 재단의 기숙사는 바이에른 주 의회 의사당 건물 안에 있었다고 한다. 우리는 먼발치에서나마 주 의회 건물을 바라본 뒤 뮌헨 대학으로 발걸음을 옮겼다. 뮌헨 대학은 시내와 도시 외곽에 흩어져 있었다. 우리는 그중에서 가장 오래된 본관 건물을 둘러보았다.

1840년대에 지어진 뮌헨 대학은 오랜 전통과 뛰어난 학문적 성과를 자랑하는 곳이다. 프라운호퍼나 뢴트겐, 리비히 같은 유명한 과학자들이 교수로 있었는가 하면, 뢴트겐과 빌란트, 하이젠베르크, 로렌츠 등

1 강의실 뒤편에서 개가 함께 강의를 듣고 있다. 표정이 좀 지루해 보이긴 하지만. 2 오랜 역사와 전통이 느껴지는 본관 1층 홀

노벨상 수상자들이 이 대학에서 줄줄이 배출되기도 했다. 한국인 중에는 《압록강은 흐른다》로 잘 알려진 소설가 이미륵과 《그리고 아무 말도 하지 않았다》를 남긴 전혜린이 이곳에서 공부했다. 이곳은 또한 히틀러가 집권하던 시절, 그를 반대하는 유인물을 뿌려 유명해진 '백장미단 사건'이 일어난 곳이기도 하다.

열린 문틈으로 강의실 안을 살짝 들여다보았다. 시간을 거슬러 올라가 하이젠베르크가 학생들 틈 어딘가에 앉아 있을 것만 같았다. 그러나 나의 상상에 찬물을 끼얹은 것이 있었으니, 바로 한 마리의 개였다. 강의를 듣고 있는 학생들 뒤에 개 한 마리가 자리를 잡고 앉아 청강을 하고 있었던 것. 아, 뮌헨 대학에서는 개마저도 학구적이구나!

# 백장미단 사건

독일인이여!

당신과 당신의 후손들이 유대 인과 같은 운명을 감수하기를 바라는가? 당신들은 나치와 동등한 범죄자로 간주되기를 바라는가? 우리는 전 세계 인류에 의해서 영원히 저주 받고 부패한 민족으로 낙인 찍혀야 한단 말인가?

아니다! 우리는 나치와 같은 하등 인간들과 같이 취급되어서는 안 된다! 그렇다면 당신들이 그렇지 않다는 사실을 행동으로 밝혀라!

– 백장미단의 전단, '독일 반나치 운동 전선의 선언문 – 독일 국민에게 고함' 중에서

1943년 2월 뮌헨 대학의 학생이었던 소피 숄과 한스 숄 남매는 나치 정권에 반대하는 젊은이들과 함께 비밀 조직인 백장미단을 만들어 뮌헨 대학과 그 일대에 자유와 저항을 외치는 전단을 만들어 뿌리다가 체포되었다. 고문을 당하면서도 끝까지 자신의 신념을 굽히지 않던 이들은 결국 나치의 손에 처형되고 말았다. 이후 이들의 순수하고 용기 있는 행동은 《아무도 미워하지 않는 자의 죽음》이라는 책과 〈소피 숄의 마지막 날들〉이라는 영화 등을 통해 많은 이들에게 감동을 주었다. 뮌헨 대학 곳곳에서는 이들을 기념하는 기념물을 발견할 수 있다.

본관 분수대 앞 광장 바닥에는 백장미단을 기념하기 위해 당시 뿌려졌던 유인물 모형이 남아 있다.

백장미단의 핵심 단원이었던 한스 숄(왼쪽)과 그의 누이동생 소피 숄(가운데), 그리고 크리스토프 프롭스트

# 괴팅겐에서 만난 사람들

1922년, 좀머펠트 교수는 하이젠베르크에게 괴팅겐에서 열리는 물리학자 보어의 초청 강연에 참석해 보라는 제안을 했다. 당시 대학교 2학년생이었던 그는, 가고 싶은 마음은 굴뚝 같았으나 괴팅겐까지 가는 기차표를 살 돈이 없었다. 좀머펠트 교수는 그에게 선뜻 기차표까지 사 주었다. 그 덕택에 당시 새로운 원자 모형을 내놓으며 학문의 신세계를 열어 가던 세계적인 석학 보어와 하이젠베르크의 만남이 이루어졌다.

세계적인 석학을 만나러 가는 그의 마음도 우리처럼 설레었을까? 우리는 들뜬 마음으로 현대 수학과 과학의 발달에 지대한 공헌을 한 학문의 도시, 괴팅겐으로 향했다. 프랑크푸르트에서 기차로 1시간 40분이 걸려 도착한 괴팅겐. 구시가지 중심부로 가자, 천 년이 넘은 도시답게 중세 시대의 모습이 잘 보전되어 있는, 아담하고 예쁘장한 도시가 나타났다.

우리는 구 시청 앞 광장에서 그 유명한 거위 소녀상을 보았다. 아, 《그림 동화》를 쓴 그림 형제가 교수로 재직했던 곳이 바로 괴팅겐 대학이었지! 과학자의 뒤를 쫓아온 도시에서 그림 동화 속의 〈거위 소녀〉를 만나다니⋯⋯. 재미있는 이야기 하나! 괴팅겐 대학에는 박사 학위를 받은 사람들이 괴팅겐의 상징인 이 거위 소녀상에게 키스를 하는 풍습이 있다고 한다.

수학과 이론 물리학의 중심이 되었던 수학 연구소와 물리학 연구소,

¹괴팅겐의 상징인 거위 소녀 리젤의 동상. 세상에서 가장 키스를 많이 받은 소녀로, 한때 키스 금지령까지 내렸다가 최근에 풀렸다. ²박사 학위를 받고 거위 소녀에게 키스하는 학생

그리고 막스 플랑크 연구소 건물은 구시가지를 둘러싼 성벽 외곽의 분젠 거리에 한데 모여 있었다. 우리는 구 시청 안에 있는 안내소에서 필요한 지도를 얻은 다음 그곳으로 향했다. 그런데 길가에 늘어선 옛 대학 건물과 집들에 과거의 과학자들이 묵었거나 연구를 했던 곳임을 알리는 표시가 있는 게 아닌가. 천천히 걸으면서 그 흔적을 보니, 마치 과거의 어느 시간을 걷고 있는 기분이었다.

하이젠베르크가 방문했을 당시, 괴팅겐에는 유명한 수학자들로 구성된 괴팅겐 학파가 있었다. 이러한 수학의 발달이 과학으로 이어져, 괴팅겐은 막스 보른을 중심으로 이론 물리학의 중심지로 떠오르고 있었다. 그 영향으로 덴마크의 과학자 닐스 보어가 괴팅겐 대학의 초청을 받아 양자 역학의 새로운 동향에 대한 강연을 했는데, 하이젠베르크가 참석한 것이 바로 이 강연이었다. 이때 보른, 프랑크, 좀머펠트, 파울리, 훈트, 요르단, 란데, 게를라흐 등 훗날 양자 역학의 형성에 결정적인 역할을 하게 될 대부분의 학자들도 강연에 참석해 열흘간 진지한 토론을 벌였다. 이것은 양자 역학의 태동이 되었고, 훗날 사람들은 이 역사적인 강연을 일컬어 '보어 축제'라 불렀다.

이 강연에서 보어는 참석자 중 가장 어린 나이임에도 불구하고 날카로운 질문을 하는 하이젠베르크를 눈여겨보았고, 바로 그때부터 두 사람의 학문적인 인연이 시작되었다. 하이젠베르크는 보어와의 만남을 통해 자연을 바라보는 새로운 관점을 갖게 되었고, 새로운 학문을 배우는 데 많은 자극을 받았다. 그리고 얼마 뒤 하이젠베르크는 괴팅겐의 막스 보른 밑에서 이론 물리학의 바탕이 될 수학적 방법을 제대로 배울 기회를 얻게 되었다.

괴팅겐 학파의 중심이 되었던 괴팅겐 대학 수학 연구소에서는 지금도 강의와 세미나가 활발하게 이루어지고 있다. 우리는 여전히 열정이 살아 숨 쉬는 그곳으로 발걸음을 옮겼다. 1층 홀에서 가장 먼저 만난 것은 괴팅겐 학파의 마지막 보루였던 위대한 수학자, 힐베르트의 동상이었다. 3층으로 올라가자 여러 가지 도형과 수학 도구들이 전시되어 있었다. 홀을 둘러보고 있는데 마침 강의가 끝났는지 학생들이 우르르 몰려나왔다. 우리는 학생들이 빠져나간 강의실에 들어가 보았다. 이런 강의실에서 보어가 강연을 하고 하이젠베르크를 비롯한 여러 학자들이 눈을 반짝이며 새로운 학문의 세계로 빠져들었겠지? 우리는 마치 그들

[1]괴팅겐 대학 수학 연구소  [2]수학 연구소 1층에 있는 힐베르트의 동상  [3]수학 연구소 3층 전시실
[4]3층에 전시된 수학 모형들  [5]수학 연구소의 한 강의실에서 선생님 모드로 찰칵!

이 되기라도 한 듯 강의하는 폼을 잡아 보기도 했다.

우리는 괴팅겐 대학의 현재를 보기 위해 좀 더 떨어진 곳의 새 캠퍼스
로 향했다. 너무 많이 돌아다닌 탓이었을까? 사실 나는 조금 지쳐 있었
다. 그래서 앞에 보이는 멋진 도서관 건물을 보고도 단숨에 달려가지 못
하고 터덜터덜 걷고 있었다. 그때였다.

"어, 안녕하세요?"

내 옆으로 휙 지나치는 자전거와 함께 한국말이 들렸다. 나도 얼떨결
에 "안녕하세요?" 하고 인사를 받았다. 나에게 인사를 건넨 자전거는 이
내 다른 자전거들 속에 묻혀 사라지고 말았다. 괴팅겐 대학에서 공부하
는 유학생이겠지? 유명 관광지도 아닌 이곳에서 한국 사람을 만나다니,
신기하기도 하고 기분이 좋기도 했다. 갑자기 도서관으로 가는 내 발걸
음에 힘이 실렸다.

1 초현대식 건물의 괴팅겐 대학 도서관 2 내부 역시 세련된 디자인과 현대적인 시설을 갖추었다. 괴팅겐 대학 도서관은
무려 10만 권이 넘는 한국학 장서를 보유하고 있다. 독일에서 한국학 장서가 가장 많은 곳이다.

1737년에 설립된 괴팅겐 대학은 1992년 새로운 건물로 이전하였다. 새 건물에서 압권인 것은 단연 초현대식 도서관이었다. 독일에서 다섯 손가락 안에 들 정도로 큰 이 도서관은 500만 권 이상의 도서와 1만 6000여 종의 정기 간행물을 소장하고 있다. 일반인도 출입이 가능하다고 해서 2층으로 가는 출입구로 용감하게 들어서는데, 사서가 사진 촬영은 안 된다며 주의를 주었다. 5층 건물의 세련된 외관뿐 아니라 개가식 서가와 책상, 컴퓨터 등의 시설이 깔끔하게 놓인 내부까지, 이런 도서관이라면 하루 종일 앉아서 공부하고 싶은 생각이 들 것만 같았다.


## 오토 한이 핵분열 연쇄 반응에 성공하다!

원자 폭탄의 개발을 이야기할 때 빼놓을 수 없는 과학자가 두 명 있다. 바로 오토 한과 리제 마이트너이다. 핵분열 반응을 처음 성공한 사람이 오토 한이고, 그 현상을 해석하고 핵분열이라는 용어를 처음 사용한 사람이 리제 마이트너이기 때문이다. 두 사람은 학문적 동반자로 베를린에 있는 카이저 빌헬름 연구소에서 오랜 세월 동안 함께 일했다.

핵분열 반응을 발견할 당시 마이트너는 독일에 없었다. 유대 인이라는 이유로 연구소에서 쫓겨나 스웨덴의 스톡홀름에 머물고 있었기 때문이다. 그래서 오토 한은 그녀와 함께하던 연구를 조교인 스트라스만과 진행하고 있었다. 그것은 우라늄에 중성자를 쏘이는 연구였다. 그들

¹국립 독일 박물관에 소장된 핵분열 장치 ²당시 오토 한이 작성한 실험 노트 ³실험실에서 함께 연구하던 시절의 오토 한과 리제 마이트너의 사진

은 당연히 우라늄이 더 무거워질 것이라고 예상했다. 그런데 이게 웬일? 엉뚱하게도 바륨이 생성되는 현상을 발견한 것이었다.

이 현상을 이해할 수 없었던 오토 한은 마이트너에게 편지를 보냈고, 마이트너는 우라늄 핵이 중성자에 의해 쪼개지면서 바륨이 생긴다는 것을 알아내고는 조카인 오토 프리쉬와 함께 그 과정에서 나오는 에너지를 정확하게 계산해 냈다. 이것은 핵분열에서 나오는 막대한 에너지를 어떻게 이용할 것인지에 대한 논의에 불씨가 된 엄청난 발견이었다.

우리는 그 위대한 발견을 확인하기 위해 뮌헨의 국립 독일 박물관을 찾았다. 그곳에는 오토 한이 최초로 성공한 핵분열 반응 장치와 당시의 실험 노트가 그대로 전시되어 있었다. 크고 거창한 실험 장치를 예상했는데 생각보다 간단해 보였다. 이런 장치로 핵분열 반응이 가능했다니……. 핵폭발의 파괴력에 비해 너무나도 초라한 실험 장치를 보니 묘한 기분이 들었다.

## 우라늄 클럽 VS 맨해튼 계획

제2차 세계 대전이 시작되자, 하이젠베르크는 베를린의 물리 연구소로 소집됐다. 그곳에서 병역 대신 다른 과학자와 함께 우라늄 이용에 관한 연구를 하게 된 것이다.

오토 한의 실험이 뜻하는 바를 알고 있었던 하이젠베르크는 핵 연구에 대해 상의하기 위해 덴마크의 코펜하겐으로 보어를 찾아갔다. 당시 덴마크는 독일의 보호 아래 있었고, 히틀러라는 독재 정권 아래 보어 역시 신변의 위협을 느끼고 있었다. 그러니 핵분열 반응을 이용하여 원자 폭탄을 만들 수 있다는 하이젠베르크의 말은 보어에게 큰 충격일 수밖에 없었다. 그 폭탄이 독일의 수중에 들어가게 되면 그 앞날이 불 보듯 뻔한 일이 아닌가.

그러나 결정적으로 보어는 원자 폭탄 이야기에 너무 흥분한 나머지 '막대한 예산은 물론 기술적인 문제도 해결되어야 하기 때문에 이번 전쟁에서 그걸 이루기에는 무리'라는 하이젠베르크의 말을 듣지 못했다. 나중에 그는 영국으로 건너간 뒤, 미국을 오가며 원자 폭탄을 제조하는 데 적극적으로 협조했다. 나이와 국적을 넘어 학문적 동지로 친분을 쌓아 온 두 사람이, 전쟁이라는 상황 속에서 하루아침에 적이 되어 버리고 만 것이다.

독일에서는 폭탄을 만들기 위해서가 아니라 원자력 에너지를 이용하기 위한 원자로 개발이 이루어지고 있었다. 하이젠베르크의 주도로 진행된 이 프로젝트의 이름은 바로 '우라늄 클럽'. 하이젠베르크는 자금과 기술적 문제를 들어 폭탄을 만들기 어렵다고 나치 정권을 설득했던 것이다. 그러나 미국으로 건너간 과학자들은 하이젠베르크를 중심으로 한 독일 과학자들이 비밀리에 원자 폭탄을 제조하고 있다고 생각했다. 그래서 연합군이 먼저 원자 폭탄을 제조해야 한다면서 발 벗고 나선 것이었다. 그들에게는 원자 폭탄의 제조가 히틀러라는 '악'으로부터 자신과 가족, 나아가 인류를 구하는 길이라는 명분이 있었다. 그리하여 '맨해튼 계획'이라는 이름으로 수천 명의 과학자가 참여하는 사상 최대의 과학 프로젝트가 비밀리에 진행됐다. 이 프로젝트에는 오펜하이머를 중심으로 유럽에서 나치를 피해 도망쳐 온 유명한 과학자들과 미국, 영국의 과학자가 대거 참여했다. 독일 출신의 제임스 플랑크와 한스 베테, 이탈리아 출신의 페르미, 헝가리 출신의 질라드와 영국 출신의 채드윅이 대표적인 인물이다. 미국인으로서는 로렌스, 콤프턴 등이 핵심적인 역할을 하였고 당시 젊은 과학도였던 리처드 파인먼도 참여하였다.

원자 폭탄 개발이 거의 끝나 갈 무렵, 뜻밖에도 독일이 먼저 항복을 했다. 연합군은 독일로 들어가자마자 하이젠베르크와 그의 동료들을 체포하고 독일의 핵 시설을 찾기 시작했으나, 원자 폭탄은 어디에서도 발견되지 않았다.

한편 히틀러라는 연합군 공동의 적이 사라진 이후, 미국 정부는 항복을 하지 않고 버티고 있는 일본과의 전쟁을 빨리 끝내고 전후 협상에서 유리한 고지를 차지하려 했다. 그래서 결정된 것이 일본으로의 원폭 투

## 원자 폭탄은 어떻게 만들어지는 걸까?

우라늄과 같은 무거운 원자핵에 중성자를 충돌시키면 원자핵이 쪼개지면서 더 가벼운 물질로 나누어지는데 이를 핵분열이라고 한다. 핵분열이 일어날 때에는 많은 에너지와 함께 2~3개의 중성자도 함께 나오게 된다.

그 중성자가 다른 원자핵에 흡수되면 또 다시 핵분열이 일어나고, 이렇게 연속적으로 핵분열이 일어나는 현상이 핵분열 연쇄 반응이다. 이러한 핵분열 연쇄 반응에서 한꺼번에 나오는 엄청난 에너지를 이용해 원자 폭탄을 만드는 것이다. 또한 중성자 흡수제를 이용하여 반응 속도를 줄여서 천천히 에너지를 내도록 하면 그것은 원자력 발전에 쓰인다.

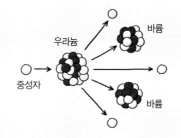

하였다. 폭탄을 투하할 장소를 결정하는 위원회에는 오펜하이머, 페르미, 로렌스, 콤프턴이 참석하였다. 그들은 사전 경고 없이 일본의 주요 도시 한복판에 폭탄을 떨어뜨려 최대한 효과적으로 폭탄의 위력을 보여 주기로 결정했다.

1945년 8월 6일. '에놀라게이'라는 폭격기가 우라늄으로 만든 최초의 원자 폭탄, '리틀보이'를 히로시마 도심에 떨어뜨렸다. 반경 3km가 쑥대밭이 되면서 14만 명이 순식간에 목숨을 잃었다. 지금까지 히로시마 원폭으로 사망한 사람은 20만 명. 당시 히로시마 인구의 3분의 2가 죽고 말았다. 즉각 항복하지 않는 일본에게, 미국은 사흘 뒤 플루토늄으로 만든 두 번째 원자 폭탄인 '팻맨'을 투하했다. 팻맨은 즉시 나가사키에 살던 7만 명의 목숨을 앗아 갔다. 단 한 대의 폭격기와 단 한 개의 폭탄으로 어마어마한 살상이 이루어진 것이었다. 8월 15일, 일본의 천황은 떨리는 목소리로 무조건 항복을 발표했고, 이로써 200억 달러라는 천문학적인 비용이 들어간 '맨해튼 계획'도 종지부를 찍었다.

원자 폭탄의 개발을 전혀 모르고 있던 하이젠베르크와 동료들은 억류되어 있는 동안 히로시마에 원자 폭탄이 터진 소식을 듣고 큰 충격을 받았다. 특히 원자 폭탄의 이론적 근거가 된 핵분열 반응을 발견한 오토 한의 충격은 더욱 컸다. 독일 과학자뿐만 아니라 미국의 과학자들도 마찬가지였다. 히틀러로부터 세계를 구하고자 나선 그들의 목적이 엉뚱하게도 일본의 히로시마와 나가사키에 있는 수십만 명의 민간인을 죽이는 데 사용되었기 때문이다. 게다가 시간이 지날수록 점점 드러나는

## 하이젠베르크는 나치의 전범?

제2차 세계 대전 중 하이젠베르크의 행적이나 원자 폭탄의 개발에 대해서 과학사들 사이의 논란이 흥미롭다. 《E=mc²》의 저자 데이비드 보더니스는 하이젠베르크가 나치에 적극적으로 협력했다고 하면서, 그는 원자 폭탄을 만들지 않은 것이 아니라 연합군의 방해와 기술적인 한계로 만들지 못한 것이라고 했다. 또 오토 한은 공동 연구자였던 마이트너를 베를린의 연구소에서 내쫓고 그 자리를 자신이 차지했으며, 그녀와의 공동 연구를 자신 혼자만의 업적인 양 내세워 그녀가 노벨상을 받지 못하게 했다고 주장했다. 하이젠베르크는 과연 나치에 협력한 전범이었을까? 또 마이트너는 오토 한에게 노벨상을 도둑맞은 비운의 과학자일까?

원자 폭탄의 피해는 더욱 참혹했다. 사람들은 후폭풍의 뜨거운 열에 휩싸여 화상을 입기도 하고, 용케 폭발을 피했다 하더라도 방사능 피폭에 의해 천천히, 고통스럽게 죽어 갔다. 방사능 피폭은 심지어 유전에 의해 후대에까지 이어져, 기형아가 태어나고 암에 걸리는 등 끔찍한 후유증을 가져왔다.

## 과학자의 사회적 책임은 어디까지일까?

맨해튼 계획은 과학자들의 바람대로 전쟁을 끝냈지만, 그것은 진정한 끝이 아니라 새로운 전쟁의 시작이었다. 세계의 패권을 노리는 미국과 소련을 중심으로 원자 폭탄 개발 경쟁이 가속화되었고, 이것은 원자 폭탄보다 더욱 강력한 수소 폭탄의 개발로 이어졌다. 오늘날 핵 보유국들은 전 세계를 몇 분 내에 모두 초토화시킬 수 있는 수의 핵폭탄을 보유하게 이르렀다.

자신들이 만든 과학적 발명품이 전 세계를 멸망시킬 수도 있는 살상 무기라는 것을 알았을 때 과학자들의 심정은 어땠을까? 실제로 원폭 투하 이후 많은 과학자들이 양심의 가책으로 괴로워했고, 훗날 반핵 운동에 앞장서기도 했다. 아이젠하워 미국 대통령에게 원폭 제조를 권하는 편지를 썼던 아인슈타인은 나중에 러셀과 함께 반핵 선언을 했는가 하면, 하이젠베르크와 오토 한 역시 독일의 핵무기 개발에 반대하는 '괴팅겐 선언'에 참여했다.

과학자들은 과학의 결과물이 그만큼 위력적이라는 사실을 처음으로 깨닫게 되었다. 또한 그것을 어떻게 이용할지를 결정하는 것은 과학자 자신이 아니라 정치라는 것도 알게 되었다. 과학의 결과물이 사회에 미칠 영향에 대해서 신중하게 고려하는 책임 의식을 가진 과학자가 얼마나 중요한지 깨닫게 되는 지점이다.

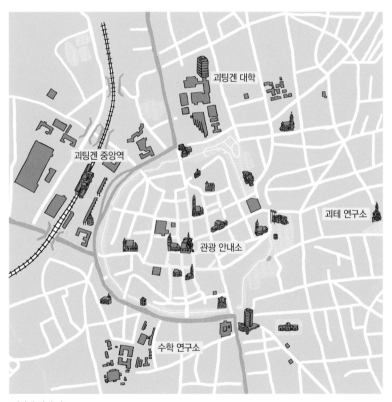

**괴팅겐 시내 지도**

원자 폭탄의 이론적 근거가 되는 핵물리학의 꽃을 피웠던 곳, 동시에 독일의 핵무기 개발에 반대하는 '괴팅겐 선언'의 무대가 된 곳에 서니, 그들은 얼마나 힘들었을까, 라는 생각과 함께 과학자의 역할에 대해서 다시 한 번 생각해 볼 수 있었다.

만일 내가 하이젠베르크라면 나치 치하의 독일에 남았을까? 아니면 다른 과학자들처럼 미국으로 망명했을까? 자신들의 연구로 이루진 성과물이 의도와 다르게 사용되었을 때 과학자의 사회적 책임은 과연 어디까지일까? 과학자의 애국심은 늘 바람직한 것일까?

핵전쟁이 일어나면 인류가 멸망할 수 있다는 것은 비단 영화 속 이야기만이 아니다. 과학이 삶 깊숙이 들어와 인간의 생명까지 영향을 미치는 오늘날, 우리들은 이런 질문에 늘 스스로 답을 찾으며 살아야 할 것이다. 학생

괴팅겐 대학 찾아가기

홈페이지 ▶ http://www.uni-goettingen.de/en/50217.html
주　　소 ▶ Museumsinsel 1, 80538 München
교 통 편 ▶ 새 캠퍼스와 도서관은 괴팅겐 중앙역으로 나와서 왼쪽으로 10분만 걸어가면 된다.

수학 연구소

홈페이지 ▶ http://www.uni-math.gwdg.de/en/
주　　소 ▶ Bunsenstraße 3-5, D-37073 Göttingen
교 통 편 ▶ 괴팅겐 중앙역에서 오른쪽 방향으로 10분 거리에 있다.

# 페르마의 마지막 정리와
# 괴팅겐

초등학교 1학년 교실. 선생님이 아이들에게 수학 문제 하나를 냈다.

"1부터 100까지 모두 더하세요. 그리고 계산을 끝낸 사람은 조용히 손을 드세요."

한 시간쯤 느긋한 휴식을 가지리라 생각한 선생님의 기대를 1분도 안 돼서 무너뜨린 아이가 있었다.

"선생님, 다 했는데요."

깜짝 놀란 선생님이 어떻게 풀었냐고 묻자, 아이는 1과 100을 더하고 2와 99를 더하는 식으로 계속하면 50개의 쌍이 만들어지므로 101×50에 의해 5050이 된다는 것을 간단히 설명했다. 경악! 이 아인…… 천재다!

이 유명한 일화의 주인공은 바로 괴팅겐을 독일 수학의 중심지로 만드는 데 기여한 천재 수학자, 가우스이다. 가우스는 1807년 괴팅겐 대학의 수학 교수 겸 천문대장에 임명되어 정수론, 대수학, 타원 함수, 확률 통계 등 수학의 광범위한 분야에 걸쳐 탁월한 업적을 이뤘고 물리학자였던 베버와 협력하여 물리학, 천문학, 전기 공학 등에서도 뛰어난 연구 성과를 거두었다. 가우

¹괴팅겐에 있는 가우스와 베버의 동상. 두 사람은 자기장에 대한 연구를 함께 수행하였고 패러데이의 전자기 유도 현상을 응용한 전신 장치를 개발해 실제로 통화를 해 보기도 하였다. ²가우스가 근무한 천문대. 지금은 가우스 천문대로 불린다. ³수학 연구소 문에 붙어 있는 수학 올림피아드 광고. 가우스가 손가락으로 가리키며 '우리는 당신을 원한다.'라고 말하고 있다. ⁴수학 연구소 2층 복도를 장식하고 있는 수학자들의 사진 ⁵베를린 기술 박물관에 전시된, 과학자들이 새겨진 화폐. 가우스는 오른쪽 아래에 있으며 천문학자로 분류되어 있다.

스의 업적 중 많은 부분이 그가 죽은 뒤 그가 쓴 과학 일기를 통해 밝혀졌다. 유클리드 기하학을 비롯해서 수많은 분야의 연구를 했으나 소심하고 완벽주의적인 성향 때문에 발표를 하지 않았기 때문이다.

가우스가 죽은 뒤 괴팅겐의 수학 전통은 디리클레, 리만, 클라인, 민코프스키, 힐베르트, 에미 뇌터 같은 뛰어난 수학자들이 이어 갔다. 괴팅겐의 수학자들은 순수 수학뿐 아니라 수학을 과학에 응용하는 데에도 열심이었다. 그래서 이론 물리학이나 기타 응용과학 분야에서도 뛰어난 연구 성과를 얻어 냈다. 이 모든 것은 당시 전 세계에서 괴팅겐으로 모인 뛰어난 학자들이 자유롭게 학문을 논하고, 토론하며, 자기 분야를 넘어 협력하는 학풍이 있었기에 가능한 것이었다.

이런 연구 분위기를 만드는 데에는 '페르마의 마지막 정리'를 푸는 사람에게 주기로 한 볼프스켈 상도 크게 기여를 하였다. 볼프스켈은 부유한 사업가였는데 어느 날 실연을 당한 뒤 자살하려고 마음을 먹었다. 얼마 뒤 서재에서 유언장을 쓰던 그는 우연히 쿰머라는 수학자가 증명한 '페르마의 마지막 정리'에 관한 책을 보게 되었다. 볼프스켈은 그 문제를 푸느라 밤을 넘기게 되고 결국 쿰머의 증명에서 오류를 발견했다. 결국 그는 다시 삶에 의욕을 느끼면서 자살 결심을 거두게 되었다.

페르마의 정리가 운명처럼 자신의 생명을 살렸다고 생각한 그는 1908년에 그 문제를 완벽하게 증명하는 사람에게 주라며 상금으로 10만 마르크현재 우리나라 돈으로 약 20억 정도의 상금을 괴팅겐 과학 아카데미에 맡겼다. 그 후 수많은 수학자들이 그 문제를 풀기 위해 매달렸으나 오래도록 '페르마의 마지막 정리'를 증명하는 사람은 나오지 않았다. 그래서 괴팅겐 과학 아카데미는 해마다 이 상금에서 나오는 이자로 유명 과학자를 초청해서 세미나를 개최하였다. 그리하여 푸앵카레, 로렌츠, 아인슈타인 등 당대 최고의 학자들이 괴팅겐에 초청되어 강연을 했고, 마지막으로 보어가 초청되어 역사적인 강연을 하게 되는데, 그것이 바로 양자 역학의 새로운 장을 열게 된 '보어 축제'이다.

괴팅겐 학파의 마지막 수장이었던 힐베르트는 각종 난제를 해결한 천재로 유명한데, 그는 '페르마의 마지막 정리'를 왜 연구하지 않느냐는 동료의 질문에 "황금알을 낳는 거위를 죽여서는 안 된다."고 대답했다고 한다. 괴팅겐 학파의 발전을 위해 일부러 '페르마의 마지막 정리'를 연구하지 않았다는 뜻이다.

100여 년에 걸쳐 괴팅겐을 수학과 과학의 왕국으로 만들었던 영광의 세월은 1933년 나치의 등장과 함께 산산조각이 났다. 이론 물리학의 수장 막스 보른을 비롯한 수많은 유대 인 학자들이 나치에 의해 대거 추방되면서 그만 연구의 맥이 끊어져 버린 것이었다. 그렇더라도 화려한 시절의 흔적은 남는 법! 괴팅겐 옛 성벽을 따라 조성된 산책로에는 지금도 가우스와 베버가 다정하게 학문을 논하고 있으며, 괴팅겐 수학 연구소에는 괴팅겐을 빛낸 수학자들의 사진이 복도를 장식하고 있다.

그렇다면 오랜 세월 동안 수많은 수학자들을 괴롭힌 '페르마의 마지막 정리'는 어떻게 됐을까? 1997년, 영국의 수학자 앤드루 와일즈가 그것을 완벽하게 증명하고 볼프스켈 상과 상금을 차지했다. 학샘

Zugspitze

## 03

# 독일 알프스의 최고봉
# 추크슈피체

난 알프스에서
눈썰매 타는
최초의 한국인~

빈샘~
모자…

"알프스에서는 모든 것이 지긋지긋하지도,
지옥 같지도, 미개하지도 않다.
이곳은 살기 좋으며 문명화된 곳이다."
장 자크 루소, 프랑스의 사상가

:: **관련 단원** 중학교 과학 1 지각의 물질  고등학교 지구과학 1 살아 있는 지구
고등학교 지구과학 2 지구의 물질과 지각 변동

# 가르미슈파르텐키르헨으로 알프스를 찾아가자!

가르미슈파르텐키르헨. 발음하기조차 힘든 이 낯선 마을에 가기로 결심한 것은 오로지 독일의 알프스를 보기 위해서였다. 알프스 하면 으레 스위스가 떠오르게 마련이지만 이 거대한 산맥은 스위스 이외에도 독일과 프랑스, 오스트리아, 이탈리아에 걸쳐 있다.

내게 알프스는 〈알프스 소녀 하이디〉로 기억된다. 요한나 슈피리의 원작 동화보다 TV로 본 만화 영화가 더 뚜렷하게 남아 있다. 부모를 일찍 여의고 무뚝뚝한 할아버지와 알프스에서 사는 소녀 하이디가 어느 날 고모에게 이끌려 독일 프랑크푸르트로 가서 클라라라는 소녀의 말동무 노릇을 하다가, 알프스에 대한 그리움으로 몽유병을 얻어 결국 집

가르미슈파르텐키르헨 역 산악 열차. 뒤쪽으로 1936년 동계 올림픽을 치렀던 경기장이 보인다.

으로 돌아오게 되는 이야기. 나는 만화 영화를 볼 때마다 알프스라는 거대한 자연의 아름다움을 상상하곤 했다. 바로 그 알프스를 눈으로 직접 보게 되다니…….

나와 한샘은 독일 알프스의 최고봉인 추크슈피체가 있다는 가르미슈 파르텐키르헨으로 가기 위해 일찌감치 숙소에서 나와 기차를 탔다. 이 날 처음 사용한 기차 패스는 무척이나 편리했다. 우리가 사용한 건 7일 권이었는데, 원하는 날짜를 선택해서 쓸 수 있어서 매번 기차표를 사는 수고를 덜어 주었다. 두 사람씩 묶인 2인용의 값이 더 싼 까닭에 일부러 그것으로 구입을 해 두었다. 그런데 이럴 수가! 표를 확인해 보니 홍샘과 이샘의 이름이 적혀 있는 게 아닌가! 표가 바뀐 것이었다. 홍샘과 이샘은 먼저 떠나는 기차를 탈 예정이어서 이미 출발하고 없었다. 우리는 그 새벽에, 홍샘과 이샘을 따라잡기 위해 필사적으로 뜀박질을 하기 시작했다. 알프스에 오르기 전 준비 운동을 아주 톡톡히 한 셈이었다.

가르미슈파르텐키르헨은 1936년 제4회 동계 올림픽 개최를 앞두고 가르미슈와 파르텐키르헨이라는 두 개의 마을이 합쳐져서 만들어진 도시였다. 동계 올림픽을 개최한 곳답게 동계 스포츠 시설이 아주 잘 갖추어져 있기로 유명한 곳이었다. 아니나 다를까, 기차 안의 사람들은 대

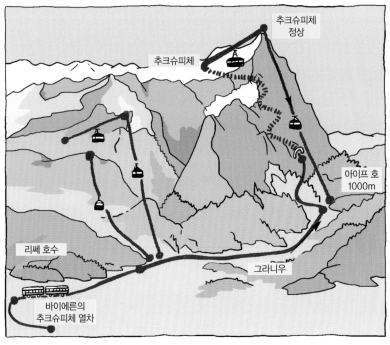

추크슈피체로 가는 길

달리는 산악 열차에서 본 어느 마을. 마치 추크슈피체를 머리에 이고 있는 것 같다.

부분 스키나 보드를 가지고 있었다.

뮌헨을 출발한 지 1시간 30분가량 지난 뒤, 눈 덮인 산이 눈앞에 펼쳐졌다. 가르미슈파르텐키르헨 역이었다. 우리는 그곳에서 산으로 올라간다는 산악 열차를 타기로 했다. 그러나 우리가 나온 곳은 불행히도 반대 방향이었다. 마을에서 한참을 헤매고 나자 그날 새벽의 뜀박질이 악몽처럼 떠올랐다. '이런 날일수록 정신을 바짝 차려야지. 조심하자, 조심해.' 그렇게 마음을 다잡고 있는데, 하늘에서 내려준 천사이기라도 한 양 우리 앞에 할아버지 한 명이 나타났다. 그 할아버지가 우리를 역까지 직접 데려다 준 덕분에 무사히 산악 열차를 탈 수 있었다. 알고 보니 산악 열차가 다니는 역은 우리가 내린 가르미슈파르텐키르헨 역과 지하 통로로 연결되어 있었다. 애고, 바로 코앞에 있는 역을 모르고 이렇게 돌아오다니.

그런데 독일 알프스의 최고봉, 그 높은 곳을 어떻게 오르냐고? 조금도 걱정할 것 없다. 추크슈피체는 걸어서 등반하지 않는다. 그럼 누워서 떡 먹기 아니냐고? 당연하지! 등산이라면 동네 뒷산도 힘겨운 내가 그 사실을 확인 하지 않았을 리 없잖아? 그러면 산을 어떻게 오른다는 거지? 아주 간단하다. 산악 열차와 케이블카를 이용하면 추크슈피체 정상2962m까지 단숨에 올라갈 수 있으니까.

우리는 산악 열차를 타고 종점인 '추크슈피체 플랫'까지 간 다음, 케이블카로 정상까지 올라가기로 했다. 그리고 내려올 때는 빙하호를 보기 위해 케이블카를 이용해 아이프 호까지 내려와 산악 열차로 돌아가기로 했다.

1 그라니우 역의 멋진 풍경 2 톱니바퀴 열차의 선로. 양쪽에 선로가 있고 그 가운데에 톱니모양의 레일이 하나 더 있다. 이 부분에 기차의 톱니가 맞물려 기차가 운행된다.

## 톱니바퀴 열차가 뭐지?

주로 산기슭에서 산 중턱, 또는 산 중턱에서 산마루 사이를 운행하는 열차이다. 가파른 산길을 달리려면 무엇보다 미끄러지지 않는 것이 가장 중요하다. 톱니바퀴 열차는 바퀴 가운데에 톱니 모양의 바퀴가 있고 선로 가운데에도 톱니 모양의 레일이 있어, 기차가 달릴 때 톱니들이 서로 맞물려 나아가므로 가파른 산길에서도 미끄러지지 않는다.

톱니바퀴 열차와 선로가 맞물린 모습. 가운데 톱니 레일과 기차의 톱니바퀴는 이렇게 맞물려진다.

유럽 최초의 톱니바퀴 열차는 1871년 스위스의 알프스 리기 산에서 운행을 시작하여 지금까지 운행되고 있다. 또한 유럽의 지붕이라고 불리는 3454m 높이의 알프스 융프라우에도 톱니바퀴 열차가 있어 관광객들에게 인기가 높다. 알프스뿐만 아니라 4700m 높이를 자랑하는 미국의 콜로라도 스프링스 파이크스 정상에도 톱니바퀴 열차가 운행되어 한 시간 만에 정상에 오를 수 있다고 한다.

교통 박물관에 전시된 산악 열차의 톱니바퀴

톱니바퀴 열차 옆에 달려 있는 걸이대는 스키를 걸기 위해 마련되었다.

추크슈피체로 가는 산악 열차는 한 시간마다 한 대씩 운행되고 있었다. 그런데 아뿔싸! 우리가 역을 찾아 헤매는 사이, 이미 한 대가 지나가 버렸단다. 좀 더 기다린 뒤에 우리는 그다음 열차를 탈 수 있었다. 그곳

# 지형의 신비를 알려 주는 판의 이동

지구의 표면은 여러 개의 조각난 판들이 덮고 있다. 판은 지각과 맨틀의 일부분인 약 100km 두께의 단단한 암석 덩어리로, 지질 시대부터 지금까지 계속 이동하고 있다. 지질 시대 동안 지구상의 대륙 분포는 판의 움직임에 따라 변화했다. 고생대는 여러 개의 대륙이 모여 하나의 초대륙을 이루어 가는 시기였으며, 중생대에는 대륙의 이동이 시작되어 대륙이 갈라지면서 대서양과 같은 바다가 만들어졌다. 신생대에는 대륙의 분리와 이동이 계속되었

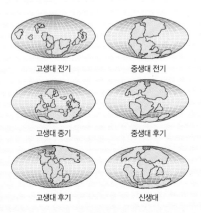

| | |
|---|---|
| 고생대 전기 | 중생대 전기 |
| 고생대 중기 | 중생대 후기 |
| 고생대 후기 | 신생대 |

**판의 변화 모습**

는데 특히 인도 판과 아프리카 판이 북쪽으로 이동하여 산맥들을 형성했다. 인도 판이 유라시아 판과 충돌하여 그 사이 바다에 쌓였던 퇴적물들이 올라와 히말라야 산맥을 만들었으며, 아프리카 판이 유라시아 판과 충돌하여 지금의 알프스 산맥을 형성한 것이다.

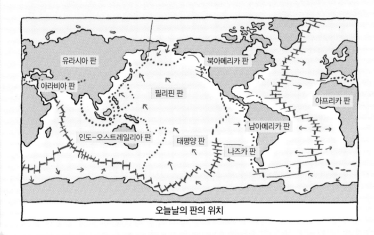

오늘날의 판의 위치

은 우리나라보다 위도가 높고 해가 늦게 뜨는 데다 산으로 둘러싸여 있어, 오전 10시인데도 안개가 짙게 깔려 있었다. 우리는 안개에 덮여 더 신비롭게 보이는 산을 향해 신나게 달려가는 산악 열차에 몸을 실었다.

이제 이 열차가 우리를 추크슈피체로 데려다 주겠지? 마음을 푹 놓고 앉아 있는데 갑자기 사람들이 우르르 내리는 것이 아닌가. 아직 정상은 멀었는데……. 깜짝 놀라 알아보니 가르미슈파르텐키르헨 역에서 탄 열차는 정상까지 한 번에 올라가지 않는단다. 친절하게도 맞은편에 앉은 독일 아가씨가 그라나우 역에서 내려 맞은편에 있는 톱니바퀴 열차로 갈아타야 한다고 알려 주었다. 우리는 톱니바퀴 열차로 갈아탔고, 우리가 탄 톱니바퀴 열차는 긴 터널을 지나 점점 산 가까이로 올라갔다.

## 알프스 산맥은 어떻게 만들어졌을까?

톱니바퀴 열차에서 내린 다음 사람들을 따라 케이블카 쪽으로 올라갔다. 그런데 우리만 양손이 허전해 보였다. 한샘도 같은 생각이었을까? 한샘이 먼저 속삭이듯 말을 건넸다.

"스키 장비 없이 온 사람들은 우리밖에 없네요."

"가르미슈파르텐키르헨 역으로 오는 기차에서도 그렇더니……. 이럴 줄 알았으면 우리도 좀 챙겨 올 걸 그랬나 봐요."

그리고 보니 스키 장비 없이 이곳에 온 사람은 정말 우리 일행뿐이었다. 스키화에 안전 헬멧으로 무장한 채 케이블카를 기다리는 사람들 속에서 한샘과 나는 약간 기가 죽었다. 정상에서 내려온 케이블카는 사람들이 모두 내린 다음 한 차례 점검을 끝내고 다시 올라갈 사람들을 태웠다. 우리는 그것을 타고 가파른 바위산을 따라 정상으로 올라가기 시작했다. 드디어 알프스를 케이블카로 오르게 되다니……. 생각만으로도 온몸이 짜릿했다.

"이 높은 알프스 산맥이 어떻게 만들어졌는지 이 케이블카에 탄 사람들은 알고 있을까요?"

정상으로 향하면서 내가 묻자 한샘이 웃으며 살짝 핀잔을 주었다.

"누가 과학 선생님 아니랄까 봐……. 역시 전공은 못 속인다니까."

지구상에 있는 대부분의 산맥들은 지구를 덮고 있는 지각과 맨틀의

히말라야나 알프스 산맥처럼 대륙판끼리 충돌한 모습

일부분으로 이루어진 판의 움직임으로 만들어졌다. 우리가 발을 딛고 있는 지각은 가만히 있는 것처럼 보이지만 실제로는 일 년에 약 3~5cm씩 이동을 한다. 이런 판들 중에 대륙으로 덮여 있는 대륙판들끼리 충돌한 경우가 알프스 산맥이다. 밀도가 같은 대륙판끼리 충돌하면 서로 밀려 올라갈 수밖에 없다.

이렇게 판의 충돌로 만들어진 지역을 조산대라고 하는데, 알프스 산맥은 알프스-히말라야 조산대에 속한다. 아프리카 판과 인도 판이, 유라시아 판이라고 불리는 지금의 유럽과 아시아 지역의 판과 충돌하면서 밀려 올라온 것이다. 그래서 알프스 내부를 보면 지층이 횡압력을 받아 단층과 습곡이 발달되어 있고, 심하게 구겨져 매우 복잡한 구조를 보인다. 알프스를 만든 판들의 충돌과 산맥의 완성은 신생대에 와서 완성되었는데, 고생대에 만들어진 애팔래치아 산맥이나 우랄 산맥 등과 비교하면 최근에 만들어진 산맥에 속한다.


## 정상에서 만난 빙하, 넌 감동이었어!


알프스는 판의 충돌로 만들어진 높은 산이기 때문에 고도가 높다. 그래서 기온이 매우 낮은 지역은 눈이 내리면 녹지 않고 계속 쌓이고 쌓인다. 이것이 알프스에서 만년설을 볼 수 있는 이유이다. 만년설의 경계선은 2750m. 이런 만년설이 계속 쌓여 압축되면 그 아래로 빙하층이 만들어진다. 이 빙하들의 움직임은 흐르는 물과 달리 고체 덩어리가 움직이는 것이어서 우리나라에서 볼 수 있는 침식 지형과는 다르다.

우리가 알프스를 찾은 이유 중 하나는 빙하로 만들어진 지형이 궁금해서였다. '혹시 날이 흐려 잘 볼 수 없으면 어쩌지?' 하고 걱정하는 사이, 케이블카가 멈추었다. 드디어 산 정상인가? 그러나 우리의 예상과는 달리 그곳에서는 엘리베이터가 기다리고 있었다. 산꼭대기를 엘리베이터로! 우리는 엘리베이터를 타고 맨 위층인 3층까지 순식간에 올라갔다.

"이야!"

엘리베이터의 문이 열리자 누가 먼저랄 것도 없이 다들 감탄사를 내뱉었다. 바로 그곳이 산 정상! 새하얀 눈으로 덮인 독일 알프스의 최고봉 추크슈피체가 환상적인 자태로 우리를 맞이했다. 새하얀 알프스의 산맥과 봉우리들을 덮고 있는 구름은 마치 바다 같았다. 나는 한시도 눈을 뗄 수 없었다. 내 발로 산 정상에 올라 내려다본 알프스와 구름……. 그 장관과 느낌을 어찌 글로 다 옮기겠는가. 몸을 날려 떨어지면 구름과 눈이 날 받아 안아 줄 것 같은 느낌……. 그 감동을 나누고 싶어 나는 한샘을 불렀다.

"한샘, 너무 감동적이어서 발이 시린 것도 다 잊어버렸어요. 제가 본산 정상 중에 두 번째로 감동적이에요."

"이 절경이 두 번째라고요? 그럼 첫 번째는요?"

"한라산 백록담이요!"

주위를 찬찬히 둘러보니 우리나라 산에서는 볼 수 없었던 빙하 지형이 하나둘 눈에 들어오기 시작했다. 두껍게 쌓인 만년설 아래 암석 틈을 따라 얼음이 녹은 물이 들어가 얼면, 암석의 틈이 벌어지면서 돌조각들이 떨어져 나온다. 이 돌조각들과 함께 해빙기에 눈이 녹아 물이 흘러내리면 땅이 얕게 파인다. 그리고 그 위로 만년설이 더 두껍게 쌓여 빙하가 되는 것이다.

빙하는 압력에 의해 아랫부분이 조금씩 녹아 천천히 움직인다. 빙하 덩어리가 이동하면, 물이 흘러 땅 모양을 깎는 것과 달리 빙하 덩어리가 땅을 깎아 내어 움푹 파인다. 빙하가 흘러나간 아래쪽은 트이고 위쪽은

빙하가 산봉우리에 움푹 파 놓은 권곡 때문에 혼은 날카로울 수밖에 없다.

절벽 모양이기 때문에 반원 모양이 되는데, 이렇게 움푹 파인 모양의 지형을 권곡이라고 한다.

하나의 산봉우리에 여러 개의 권곡이 생겨 꼭대기만 뾰족하게 남은 곳을 '혼'이라고 하는데, 그곳은 손을 대면 당장이라도 벨 듯이 날카롭다. 알프스의 산꼭대기를 보면 혼의 기세가 말 그대로 하늘을 찌를 듯하다.

한편 권곡이 발달한 산봉우리 사이에는 날카로운 능선이 만들어지는데 이것을 현곡이라고 한다. 그리고 이렇게 떨어져 나간 빙하들이 모여 이동하면서 이루어진 큰 길은 U자형 골짜기를 만들어 낸다. 우리는 그곳에서 이 U자형 골짜기도 볼 수 있었다. 그것은 우리나라 산에서 흔히 볼 수 있는 V자형 계곡과는 달랐다. 흐르는 물은 바닥을 깊게 깎아 폭이 좁은 V자형 계곡을 만들지만, 빙하 덩어리는 덩어리가 움직이면서 바닥을 파내 U자형을 이루었다. 이곳의 넓은 U자형 계곡은 그 자체가 스

1 산 정상에서 내려다본 아이프 호. 구름이 걷히자 권곡호의 모습이 한눈에 들어왔다. 2 꽁꽁 얼어 버린 아이프 호. 주변에 있는 나무들도 모두 하얀 눈으로 덮여 버렸다.

# 빙하 속의 숨은 비밀들

빙하는 만년설이 쌓여 그 무게로 아랫부분이 점점 얼어서 된 것이다. 그 위로 눈이 쌓이면서 단단한 빙하가 되면 눈 결정 사이에 공기가 갇히게 되는데 이것이 바로 빙하 속의 기포이다. 이것은 빙하가 만들어지던 시기의 대기 상태를 알려주는 훌륭한 정보원의 역할을 한다. 빙하를 잘라 내어 그 속에 들어 있는 공기를 분석하면 다양한 비밀들이 밝혀지는 셈이다.

뉴욕 자연사 박물관에 전시된 얼음 봉

수천, 수만 년 전 또는 수십만 년 전의 빙하를 분석하면, 놀랍게도 지구 온난화의 가장 큰 원인으로 알려진 이산화탄소와 메탄의 농도를 구할 수 있다. 남극의 빙하에서 이산화탄소와 메탄의 농도를 분석한 결과, 18세기 중엽 산업 혁명 이후 그것이 지속적으로 증가하고 있다는 것을 알 수 있다. 그뿐만이 아니다. 빙하에 둥근 통을 박은 뒤 빼내어 얻은 얼음 봉, 즉 빙하 코어를 분석하면 과거의 환경도 파악할 수 있다. 빙하 코어에는 나무처럼 나이테가 있는데, 이는 빙하가 만들어지는 시기에 따라 그 층의 두께와 색깔 등이 다르기 때문이다.

키장의 슬로프로 쓰이고 있었다. 해발 2900m가 넘는 곳에서 스키를 타는 기분은 어떨까? 하지만 아쉽게도 우리는 그 기분을 마음속으로 상상할 수밖에 없었다.

우리는 추운 줄도 모른 채 다양한 빙하 지형을 보느라 넋을 놓고 있었다. 얼마나 있었을까? 정상의 매서운 칼바람이 느껴지기 시작했다.

"한샘, 우리 어디 가서 몸 좀 녹이고 나오면 안 될까요?"

"사실 저도 그 말을 기다렸어요. 저쪽에 식당이 있는 것 같던데……."

알프스 자락에서 식사할 수 있는 절호의 찬스를 놓칠 수야 없지! 우리는 한샘의 말이 끝나기가 무섭게 식당으로 가서 알프스를 바라보며 천천히 점심을 즐겼다.

우리가 생애 최고로 근사한 식사를 하는 사이에 따뜻하게 내리쬔 햇볕 덕분에 그 두껍던 구름들이 거의 사라지고 산 아래 지형이 제 모습을 드러냈다. 이건 또 웬 횡재란 말인가. 구름 바다 아래를 못 보고 내려가는 줄 알았는데……. 게다가 아까는 전혀 보이지 않던 아이프 호까지 선명하게 보이는 것이었다. 꽁꽁 얼어붙어 하얀 얼음뿐이었지만, 그 길쭉한 호수의 모양은 그대로였다. 아이프 호는 권곡호, 즉 빙하가 움푹 파낸 권곡에 빙하에서 녹은 물이 고이면서 만들어진 호수이다. 산을 올라올 때 톱니바퀴 열차를 좀 더 오래 타기 위해 아이프 호에서 내리지 않았는데, 따사로운 햇살 덕분에 정상에서 멋진 호수를 실컷 감상할 수 있었다.

## 고층 기상 관측소

산 정상에서 알프스만 하염없이 구경하던 우리에게 또 하나 신기한 것이 눈에 들어왔다. 바로 고층 기상 관측소였다. 해발 2692m의 이곳이야말로 고층 대기를 관측할 수 있는 최적의 장소 중 하나였다.

우리가 타고 내린 엘리베이터 건물 위에는 갖가지 고층 기상 관측 장비들이 설치되어 있었다. 풍향계와 풍속계 같은 낯익은 장비를 보며 아는 척을 하고 있는데, 커다란 돔 앞에서 그만 말문이 막혀 버렸다.

"저건 뭐죠?"

"글쎄요……, 설명이 전부 독일어로 되어 있어서 알 수가 없네."

독일어로 된 설명 앞에서 난감해 하고 있는데 아는 단어 하나가 눈에 띄었다. 그것은 다름 아닌 '레이더'라는 단어였다.

"아! 고층 기상 관측에 쓰이는 레이더 안테나가 들어 있는 돔이네요."

내가 자신만만하게 이야기를 하자 한샘이 웃으며 고개를 끄덕였다.

기상 레이더 안테나는 구름 속의 상태를 알아보는 데 주로 쓰이는데, 안테나로 전파를 발사한 다음 구름 속의 물방울에 부딪혀 되돌아오는 반사파를 분석하여 물방울의 양이 얼마나 되는지, 크기가 어떻게 변화해 가는지 알 수 있는 최첨단 원격 관측 장비이다. 이때 전파가 목표물에서 반사되어 온 반사파는 일종의 메아리 정도 되겠다. 이 신호로 물방울까지의 방향과 거리도 결정할 수 있는데, 방향은 안테나가 어느 쪽을 가리키는가를 통해 구하고, 거리는 목표로부터 반사되어 오는 왕복 시간으로 구한다. TV 일기 예보에서는 구름 속에 있는 빗방울의 양을 레이더 영상으로 보여 주곤 하는데, 이 영상은 바로 기상 레이더 안테나로 얻는 것이다. 우리나라에서는 관악산 등지에서 볼 수 있다. 정작 우리나라에서는 산 중턱에서 올려다본 적만 있고 가까이 가서 본 적은 없었

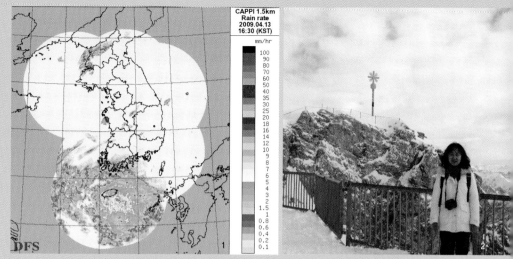

¹기상청 레이더 자료 영상. 빗방울의 양이 많아 강수 비율이 높을수록 색깔이 달라진다. 기상용 레이더는 다가오는 구름 속에 포함된 물방울의 크기, 양 등을 조사하여 태풍 탐지, 집중 호우, 천둥 번개, 지역 우량 측정 등에 이용한다. ²뒤에 보이는 노란 막대가 꽂혀 있는 곳이 추크슈피체의 정상. 겨울이라 꽁꽁 얼어붙은 암벽을 올라가는 일이 위험해서인지 일반인은 들어가지 못하게 되어 있다. ³엘리베이터로 가는 입구. 건물 위로 갖가지 기상 장비들이 보인다. 가장 오른쪽에 있는 둥근 것이 레이더 안테나 돔

¹ 아이프 호 역. 30분에 한 대 정도 기차가 떠나는데 그 외의 시간은 이렇게 막혀 있다. 기차를 놓치는 바람에 이곳에서 20분 정도 기다렸다. ² 아이프 호 역에는 추크슈피체 정상의 모습이 모니터에 생중계되고 있다. 이 화면 덕분에 정상 부근의 날씨와 환경을 미리 알 수 있다. ³ 아이프 호 역에 앉아서 바라본 추크슈피체 산의 모습. 사진 아래쪽의 아랍 관광객들은 친절하게 내 독사진을 찍어 주었다.

는데, 독일에서 제대로 본 셈이 되었다.

우리는 계획대로 케이블카를 타고 아이프 호 쪽으로 내려가기로 했다. 케이블카를 타고 아이프 호와 주변 침엽수림을 한눈에 내려다보면서 가는 기분은 산악 열차로 올라올 때와는 또 다른 짜릿함이 있었다. 기차로 올라올 때는 50분 정도가 걸렸지만 케이블카로 내려가니 20분밖에 걸리지 않았다.

케이블카에서 내려 다시 톱니바퀴 열차를 타기 위해 우리는 아이프 호 역으로 향했다. 작고 아담한 그 역에서는 추크슈피체가 한눈에 올려다보였다. 우리는 기차를 기다리며 추크슈피체의 모습을 마지막으로 눈에 새겼다. 지구 온난화로 만년설과 빙하가 많이 녹아, 앞으로 2050년까지 알프스의 빙하가 모두 녹을 것이라는 연구 결과는 생각하고 싶지도 않았다. 지금 보는 모습 그대로, 추크슈피체가 영원히 보존되길 우리는 바라고 또 바랐다. 😎빈생

## 수많은 철학자를 길러 낸
# 독일 날씨

하이델베르크 성을 방문한 우리는 성벽 너머로 헤겔과 야스퍼스 등 독일의 유명한 철학자들이 산책했다는 '철학자의 길'을 둘러보았다. 독일 철학자 칸트가 시계보다도 더 정확히 산책 시간을 지켰다는 일화는 너무나 유명하다. 왠지 깊은 생각에 잠긴 채 산책을 즐기는 철학자들의 발걸음 소리가 들리는 듯했다.

이들 말고도 니체, 쇼펜하우어, 하이데거 등 수많은 철학자들을 낳은 독일은 어딘가에 철학자의 기운이라도 품고 있는 것일까? 아주 근거가 없지는 않다. 실제로 독일에서 철학자들이 많이 나온 배경으로 독일의 흐린 날씨를 꼽기도 하기 때문이다.

상상해 보자. 오늘 날씨가 화창한 봄날 같다면? 책상머리에 앉아 공부가 될까? 아무래도 나가 놀고 싶어 몸이 근질거리겠지. 그러나 잔뜩 흐리다면? 왠지 비가 올 것 같기도 한 잿빛 하늘을 보면 놀러 갈 생각보다는 뭔가 깊게 생각하며 사색에 빠지고 싶지 않을까? 뭐라고? 꾸벅꾸벅 졸고 싶다고? 이런!

마침 우리가 '철학자의 길'을 찾았던 날도 하이델베르크는 회색빛 하늘 속

[1] 하이델베르크 성에서 내려다본 카를 테오도르 다리. 이 다리를 건너면 '철학자의 길'이란 산책로가 나온다. [2] 잿빛 하늘 아래 펼쳐진 하이델베르크 시내의 모습

에 차분한 도시의 모습을 보여 주었다.

그렇다면 기후는 어떻게 결정될까? 기온, 강수량, 습도, 풍향 등을 기후 인자라고 한다. 기후 인자는 기후에 영향을 주는 요인들로 생각하면 되겠다. 가장 중요한 기후 인자는 위도에 따른 태양 복사 에너지량이다. 고위도로 갈수록 단위 면적당 태양 복사 에너지량은 적어지고 낮의 길이가 짧아 기온이

지리적인 위치상 독일의 북서부는 북대서양과 북해의 영향을 받는다.

낮아진다. 그런데 위도로만 보면 독일은 우리보다 북쪽에 있어서 날씨가 더 추울 것 같지만 실제 평균 기온은 우리나라보다 낮지 않다. 왜일까?

그것은 고도, 해류, 해류 분포, 지형 등 여러 기후 인자들이 복잡하게 작용한 결과이다. 독일의 북서부는 중위도 편서풍 지역으로 서쪽에서 동쪽으로 바람이 불기 때문에 북대서양과 북해의 영향을 받는다. 해양의 영향을 받은 따뜻하고 습도가 높은 공기가 이동함으로써 높은 위도에 비해 겨울철에도 따뜻하며 강수량이 많다.

바다는 대륙에 비해 비열이 크다. 온도를 1℃ 올리는 데 해양은 대륙보다 4배 정도 많은 칼로리를 필요로 한다. 한 마디로 대륙은 양은 냄비처럼 빨리 끓고 빨리 식지만, 해양은 뚝배기처럼 천천히 뜨거워지고 천천히 식는다. 해양은 겨울철에는 대륙보다 따뜻하고 여름에는 시원하다. 따라서 해양의 영향을 받는 곳이라면, 대륙의 영향을 받는 곳보다 여름에는 덜 덥고 겨울에는 덜 춥다.

바다에서 이동해 오는 따뜻하고 습한 공기 때문에 독일의 기후는 대륙성 기후보다 포근한 겨울 날씨를 누릴 수 있다. 대신 부슬비가 자주 오고 습도가 높으며 안개가 자주 끼는 특징이 있다. 어떨 때는 서쪽 바다에서 온 공기가 유럽 동쪽에서 온 찬 기단과 부딪혀 전선이 생기면서 비가 오고 천둥이 치는 등 날씨가 급변하는 일도 많다. 따라서 독일은 연평균 강수량은 많은 편이다. 대체로 서부와 남부에 비가 더 많이 온다. 특히 남부의 산지는 연간 강수량이 무려 1400mm 이상이라고 한다.

그러나 독일의 남동부는 사정이 다르다. 알프스 산맥이 있어서 해양성 기후의 영향이 점점 약해진다. 우리가 숙소를 잡았던 세 도시, 뮌헨, 프랑크푸르트, 베를린의 날씨도 이런 독일 날씨의 특징을 잘 보여 주었다. 처음에 묵었던 뮌헨은 가장 남쪽에 있었지만 북쪽에 있는 두 도시보다 추웠다. 보다 동쪽에 있기 때문에 대륙의 영향을 많이 받아서였다. 평균 기온을 비교해 보면 베를린, 뮌헨의 1월과 7월의 평균 기온이 각각 -0.5℃와 19.4℃, -2.2℃와 17.7℃로, 뮌헨이 더 춥다.

역시 산을 넘으면 날씨가 달라진다더니 독일도 마찬가지다. 높은 알프스

조용히 내리는 비를 맞으며 우뚝 서 있는 베를린 대성당

에서 불어오는 찬 공기는 겨울철 추위를 더한다. 알프스와 같은 거대한 산맥의 고원에서 밤 동안 차가워진 지표면 근처의 공기는 냉각되면서 밀도가 커진다. 차가운 공기는 아래로! 알프스에서는 바람이 스키를 탄다. 바로 이것이 '활강 바람'이다. 산맥 아래쪽의 낮은 곳으로 빠르게 불어오는 찬바람이 활강 바람인 것이다.

우리가 여행하는 동안 독일에서는 화창한 날을 보기 힘들었다. 독일 하면 생각나는 것이 잿빛 하늘과 소리 없이 조금씩 내리는 비다. 아하! 독일 사람들이 왜 모자를 많이 쓰고 다니는지 알겠다. 우산보다 편한 데다, 비 오는 날엔 시야도 넓게 확보된다.

"날씨도 흐린데 우산을 펴면 잘 안 보이잖아요. 모자를 쓰면 자동차 사고 같은 걸 많이 줄일 수 있지 않나요?"

그럴듯한 말씀. 나 역시 우산을 안 가져간 터라 모자를 푹 눌러쓴 채 비를 맞으며 하이델베르크며 베를린의 시내를 돌아다녔다. 그러나……, 에취! 감기 조심. 독일을 여행할 때 두꺼운 옷을 준비하는 것은 필수다.

흐린 날씨 속에서 철학자의 길을 거닐었을 독일의 위대한 철학자들. 과연 무슨 생각을 했을까? 고위도라 일조량도 적고 흐린 데다 비가 오고……. 왠지 죽음이란 무엇일까, 불행이란 무엇일까, 이런 우울한 생각을 많이 하지 않았을까? 하긴 이런 생각을 깊이 곱씹다 보면 나라도 삶을 성찰하는 철학자가 될 것만 같다. 뭐? 개똥철학이라고? 그건 화장실에서! 빈48

## 04

숨은 아인슈타인 찾기

# 울름과 뮌헨,
# 그리고 베를린

이샘:
분위기 깨지 말고
갑시다.

"과거에서 배우되,
현재를 살며 미래에 희망을 가져라.
중요한 것은 질문을 멈추지 않는 것이다."
알베르트 아인슈타인, 독일 태생의 물리학자

:: 관련 단원 고등학교 물리 2 원자와 원자핵

# 아인슈타인을 찾아라!

아인슈타인만큼 우리에게 친근한 과학자가 또 있을까? 천재적인 과학자의 대명사 아인슈타인. 완구에서 학습지, 심지어 유제품에 이르기까지 그의 이름이 붙은 제품을 사용하면 금방이라도 우리를 천재로 만들어 줄 것만 같다. 그뿐만이 아니다. 그의 헝클어진 흰머리는 이젠 천재적인 과학자의 상징이 되어 버렸다.

그러니 어쩌면 그를 더 이상 설명하는 것 자체가 시간 낭비일지 모른다. 그래서일까? 미국의 유명 시사 주간지 《타임》은 아인슈타인을 20세기 가장 영향력 있는 인물로 선정하기도 했다. 하지만 그가 유명한 과학자라는 것은 알아도, 정작 그의 업적에 대해서 자세히 알고 있는 사람은 그리 많지 않다. 그 유명한 상대성 이론의 개념을 제대로 설명할 수 있

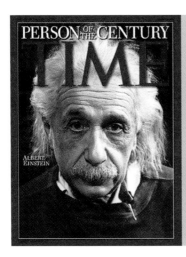

세계에서 가장 유명한 시사지인 《타임》은 1999년 12월 31일자 마지막 호에서 20세기에서 가장 위대한 인물로 아인슈타인을 꼽았다. 흥미로운 점은 아인슈타인의 상대성 이론이 시간(TIME)과 공간에 관한 연구라는 점이다.

는 사람이 몇이나 될까? 심지어 과학자들조차도 상대성 이론을 이해하기 어렵다고 하는데. 그러고 보면 아인슈타인만큼 잘 알려진 과학자도 없지만, 반대로 그처럼 베일에 싸인 과학자도 없다.

　비록 나치를 피해서 미국으로 망명을 하긴 했지만, 아인슈타인은 독일에서 태어나 조국에서 많은 업적을 이루었다. 그의 발자취를 찾아 떠난 독일 여행. 우리는 너무나 잘 알려진, 동시에 너무나 몰랐던 과학자 아인슈타인의 비밀을 벗긴다는 기대에 한껏 부풀어 있었다.

## 아인슈타인의 고향, 울름

　우리가 처음 방문한 곳은 아인슈타인이 태어난 도시인 울름이었다. 뮌헨에서 기차로 1시간 20여 분을 달려 한적한 시골 마을에 도착했을 때, 우리를 가장 먼저 맞이한 것은 자욱한 안개였다. 안개 속에 잠긴 마을은 마치 동화책에 나오는 마법의 숲처럼 아름다웠다. 마을 입구에 다다르자 꼭 꿈속에 들어선 것만 같은 묘한 기분이 들었다.

　앗! 그런데 뭔가 이상했다. 평범한 옷차림을 한 사람은 우리가 내린 기차역의 역무원뿐이었던 것이다. 시내에 들어서자 이상야릇한 옷차림의 사람들이 시끄럽게 소리를 지르면서 무리 지어 나타났다가 사라졌다. 마법사처럼 빗자루를 들고 다니는 사람들이 있는가 하면, 얼굴과 몸 전체에 파란색을 칠한 악마 같은 모습의 사람들도 눈에 띄었다. 믿음직

한(?) 체구의 홍샘이 없었다면 아인슈타인이고 뭐고 다 집어치우고 줄행랑을 쳤을 것이다.

나중에 안 사실인데, 이들은 그날 오후에 울름 대성당 앞에서 벌어지는 축제에 참여하기 위해 곳곳에서 모여든 사람들이었다. 이렇게 울름의 첫인상은 확실히 남달랐다. 우리는 아인슈타인이 태어난 곳으로 서둘러 장소를 옮겼다.

"아인슈타인 생가 터가 여기 어딜 텐데……."

울름 시 홈페이지에서 구한 흐릿한 지도를 열심히 들여다보고 있는데, 홍샘이 저만치서 나를 소리쳐 불렀다.

"이쪽으로 와 봐요. 저쪽에 이샘이 준 자료에서 본 탑과 비슷한 것이 있어요."

홍샘이 가리키는 방향에는 비록 안개에 가려 선명하진 않지만, 사진에서 보았던 아인슈타인의 기념탑이 세워져 있었다.

아인슈타인은 1879년 3월 14일, 울름에서 태어났다. 그러나 아쉽게도 그가 태어난 집은 제2차 세계 대전 당시 파괴되고 말았다. 울름 역에서 길을 건너 대성당 쪽으로 향하는 길의 입구가 바로 그 자리였다. 그곳에는 이미 현대식 건물들이 들어서 있었고, 아인슈타인의 흔적은 "이곳에 알베르트 아인슈타인이 1879년 3월 14일에 태어난 집이 있었다."라는 글귀가 씌어진 기념탑으로만 확인할 수 있었다. 기념탑은 천재 과학자의 탄생지를 알리기에는 너무나 초라한 모습이었다. 아인슈타인의 생가나 그를 기리는 박물관 정도는 있을 거라 여겼던 우리의 기대는 보

¹생가 터 옆에 세워진 아인슈타인의 부조 ²울름의 구시가지 끝에서 발견한 아인슈타인의 샘. 달팽이의 모습으로 미사일 위에 놓인 아인슈타인의 표정이 재미있다. ³아인슈타인의 생가 터에는 기념탑만이 외롭게 서서 그 자리를 기억하고 있다. ⁴안개에 휩싸인 울름 대성당의 모습

기 좋게 빗나갔다. 대체 그 이유가 뭘까? 아인슈타인이 유대 인이라서일까? 아니면 독일을 떠나 미국으로 망명했기 때문일까?

몇 장의 기념탑 사진으로 아쉬움을 달래고 대성당 쪽으로 향하려는데, 홍샘이 다시 나를 불러 세웠다. 기념탑이 있는 광장 근처에서 아인슈타인의 얼굴이 새겨진 조각상을 발견한 것이었다. 청동으로 만든 이 조각상은 인도의 캘커타 예술 협회에서 기증한 것이라고 적혀 있었다. 작은 부조로 조각돼 자신이 태어난 마을의 한구석을 외롭게 지키고 있는 아인슈타인의 모습은 일요일 아침의 한적한 분위기와 섞여 조금 처량해 보이기까지 했다.


## 천재와 둔재, 정말 한끝 차이?

아인슈타인은 학창 시절 성적이 좋지 못했다? 많은 사람들이 이 부분에서 아인슈타인에게 특별한 매력을 느낀다. 특히 고등학교를 중퇴한 뒤 대학 입학에 실패하고, 이어 직장을 구하는 데 큰 어려움을 겪었다는 등의 이야기는 머리 좋은 사람의 대명사로 알려진 아인슈타인에게서 의외의 모습을 보여 준다. 역시 '천재와 바보는 종이 한 장 차이'인 것일까? 평범한 사람들에게 매우 희망적인 메시지를 전해 주는 이 일화들은, 아인슈타인을 거울 삼아(?) 자신의 성적에 안심하고 있는 학생들에게는 미안하지만, 진실이 아니라고 한다.

고등학교 시절, 아인슈타인은 아버지의 직장 때문에 이탈리아로 이사를 간 가족과 떨어져 뮌헨에 혼자 남겨졌다. 하지만 결국 외로움을 참지 못해 학교를 중퇴하고 가족의 품으로 돌아가고 말았다. 그러나 가족의 따뜻한 품도 잠시, 자신의 불투명한 미래가 걱정스러웠던 아인슈타인은 스위스 연방 공과 대학에 들어가기로 마음을 먹었다. 결과는? 입학 불허. 고등학교 졸업장도 없는 데다 나이도 입학 요건에서 두 살이나 어렸기 때문이다. 그러나 수학과 과학 성적이 유난히 뛰어난 그를 눈여겨본 물리학과 교수 베버 덕분에, 그는 그곳에서 대학 2학년생을 대상으로 한 강의를 청강할 수 있었다.

 그 후 아인슈타인은 스위스 아라우에 있는 고등학교에 1년을 더 다닌 후 대학에 입학하였고, 대학에서는 줄곧 좋은 성적을 거두었다. 현재 남아 있는 그의 성적표들을 보면 그가 고등학교 졸업 시험도 1등, 대학 졸

1 아인슈타인 거리는 막스 플랑크 거리와 나란히 이어져 있는데, 막스 플랑크와 아인슈타인의 인연이 길로 표시된 듯하다. 2 아인슈타인이 학교를 다녔던 뮌헨에는 그의 이름을 딴 거리도 있다.

업 시험도 1등이었다는 것을 알 수 있다.

그렇다면 학창 시절 성적이 좋지 못했다던 이야기는 거짓말일까? 뮌헨에서 고등학교를 다닐 때, 선생님에게 "넌 나중에 커서 절대로 제대로 된 사람이 못 될 거야."라는 악평을 들었다는 유명한 일화 역시 꾸며 낸 것이란 말인가. 물론 이 이야기들은 모두 사실이다. 하지만 정확히 말해 아인슈타인은 공부를 못했다기보다 뮌헨의 교육 제도에 적응을 하지 못했다.

아인슈타인은 어떤 질문에든 빠르고 정확하게 대답하는 학생은 아니었다고 한다. 한 문제에 대해 진지하고 끈질기게 생각하는 그의 성격은 뮌헨의 고등학교 교육 시스템과 잘 맞지 않았다. 또한 그 학교에서는 라

틴 어나 그리스 어에 비해 수학이나 자연 과학은 그리 중요하지 않았기 때문에, 외국어에 흥미가 없었던 아인슈타인이 좋은 성적을 얻지 못한 것은 어쩌면 당연한 일이었다.

아인슈타인의 고등학교 성적표. 6점 만점을 기준으로 꽤 높은 성적이라는 것을 알 수 있다.

그는 대학에서도 좋아하는 과목만 집중적으로 공부했기 때문에 지도 교수의 추천을 받지 못해 졸업 후에도 취직을 하는 데 어려움을 겪었다. 하지만 이렇듯 자유분방하고 엉뚱하게 느껴지는 그의 기질이 결국엔 상대성 이론이라는 독창적인 사고의 밑바탕이 되지 않았을까?

집중력을 향상시키는 기계로 알려진 '엠씨스퀘어'는 아인슈타인과 밀접한 관련이 있다. 기계의 원리가 아니라, 그 이름이 그렇다. '엠'은 질량을 나타내는 알파벳 'm', '씨'는 빛의 속도를 나타내는 'c', '스퀘어'는 영어로 '제곱'을 뜻한다. 자, 어디서 많이 들어 본 공식 같지 않은가? 그렇다. '엠씨스퀘어'는 세상에서 가장 유명한 과학 공식인 '$E = mc^2$ 에너지=질량 / 빛의 속도'을 나타내는 말이었던 것이다. 그러면 이 공식은 어떻게 나온 것일까?

1905년은 아인슈타인의 업적을 이야기할 때 빼놓을 수 없는 중요한 해이다. 아인슈타인의 뛰어난 성과들이 대부분 그때 발표되었기 때문이다. 지난 2005년이 '세계 물리의 해'로 지정되었던 이유는 '기적의 해'라고도 불리는 1905년의 100주년을 기념하기 위한 것이었다.

## 천재의 뇌는 무엇이 다를까?

많은 사람들은 천재로 알려진 아인슈타인의 뇌를 궁금해 했다. 그의 뇌 속에서 천재성의 증거를 찾아보고 싶어서였다. 그리하여 아인슈타인이 죽은 뒤, 부검을 한 하비가 따로 떼어낸 그의 뇌는 240여 개의 얇은 조각들로 나뉘어 여러 연구자들의 손에 들어갔다.

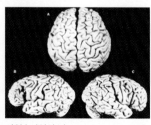

아인슈타인의 뇌

부검 당시 아인슈타인의 뇌는 약 1.22kg으로 성인 남성의 평균 뇌 무게보다 오히려 0.14kg이 적었다. '머리가 크다고 공부를 잘하는 것은 아니다.'라는 말처럼, 뇌가 크다고 머리가 좋은 것은 아니라는 사실이 밝혀진 셈이다. 아인슈타인의 뇌는 두정엽의 반구가 일반인보다 크다는 것, 뉴런(신경계)당 글리아 세포(뉴런을 지탱하고 자양분을 제공하는 세포)가 일반인보다 많은 것, 뇌에 주름이 더 많이 잡혀 있는 것, 그리고 대뇌피질이 얇은 것 등이 일반인과 약간 달랐다. 그래서 이것이 천재성의 특징일 수 있다는 가정하에 여러 연구가 시도되었지만, 아직까지는 그 명확한 증거를 밝히지는 못했다.

아인슈타인의 뇌 표본은 세계 여러 곳에서 볼 수 있다. 2005년에 열렸던 '인체의 신비전'과 '대한민국 아인슈타인 특별전' 등의 여러 전시회에서 그의 뇌를 직접 본 학생들이 많을 것이다.

1905년에 아인슈타인은 모두 4개의 논문을 발표했다. 첫 번째 논문은 고등학교 교과서에 나오는 '광전 효과'에 대한 연구이고, 두 번째 논문은 분자의 크기에 대한 박사 학위 논문, 세 번째 논문은 브라운 운동에 대한 논문이다. 그리고 네 번째 논문이 특수 상대성 이론에 대한 논문이다.

'$E=mc^2$'이란 공식은 네 번째 논문인 특수 상대성 이론에 세 장에 걸쳐 실렸다. 이 공식은 앞에 '엠씨스퀘어'로 설명했듯이, 어떤 물체의 질량에 빛의 속도의 제곱을 곱한 값이 에너지의 양과 같다는 의미로, 빛의 속도300,000,000m/s는 엄청나게 크기 때문에, 물체의 질량이 모두 에너지로 바뀐다면 실로 엄청난 양의 에너지를 만들 수 있다는 것을 뜻한다. 이 공식에 따라 원자 폭탄도 만들어졌고, 원자력 발전이나 핵융합 등도 가능해졌다.

우리는 울름 시 홈페이지의 아인슈타인 찾기를 통해, 이 공식이 특별하게 적혀 있는 곳이 있다는 정보를 입수했다. 그래서 간략한 지도를 가지고 그곳을 직접 찾아 나섰다. 그러나 지도를 따라 강가 근처를 아무리 뒤져도 공식이 적혀 있는 곳은 찾을 수가 없었다. 근처에 기념비라도 있을까 싶어서 주변을 열심히 두리번거리다가 우리는 잠시 쉬기로 하고 뒤를 돌아보았다. 그때였다. 유치원 하나가 눈에 띄었다. 그리고 그 앞에 멍하니 서서 우리의 눈을 의심하지 않을 수 없었다. 유치원 입구 옆에 마련된 참새 모형의 날개 안쪽에 'E$=mc^2$'이라고 적힌 것이 눈에 들어왔던 것이다. 이게 지금껏 찾아 헤매던 거라고? 우리는 그만 피식, 웃고 말았다. 그것은 울름 시내 곳곳에서 흔히 볼 수 있는 참새 모형이었다. 다른 것이라고는 날개 안쪽에 우리가 찾던 그 공식이 적혀 있다는 것뿐.

실망스러운 마음을 달래기 위해, 발걸음을 돌려 다시 울름 시내 한복판에 있는 대성당으로 갔다. 독일에서 두 번째로 크다는 이 성당도 아인슈타인과 관련이 있다는 정보를 보았기 때문이다. 마침 성당 안에서는

울름 시내의 한 유치원에 있는 참새 모형. 날개 안쪽에 아인슈타인의 공식이 적혀 있다.

사람들이 일요일 미사를 드리고 있었다. 우리는 뒷자리에 앉아 성당 내부를 구경했다. 고딕 양식으로 만들어진 성당은 규모도 크고 고풍스러워서 우리의 시선을 단번에 사로잡았다. 그런데 대체 이곳이 아인슈타인과 무슨 관련이 있는 것일까? 우리가 가져온 자료에는 작은 스테인드글라스 사진과 독일어 서너 줄이 적혀 있을 뿐이었다.

"홍샘, 이 성당이 왜 아인슈타인과 관련이 있을까요?"

"그러게 말이에요. 아인슈타인이 어렸을 때 이 성당에서 세례라도 받았나? 그 정도 가지고는 홈페이지에서 굳이 소개하지 않을 텐데……."

결국 우리는 아인슈타인과 관련된 것을 찾아내지 못한 채 다시 밖으로 나올 수밖에 없었다.

울름 대성당의 비밀을 알게 된 것은 한국으로 돌아온 뒤였다. 우리가 가져간 자료 속 스테인드글라스가 그 비밀의 열쇠였다. 1985년에 일부가 다시 만들어진 그 스테인드글라스는 '약속의 창문 window of promise'이라 불린다고 한다. 그곳에는 빛나는 별 주위로 아인슈타인을 비롯해서 코페르니쿠스와 케플러, 갈릴레이, 뉴턴 등 과학자의 이름이 새겨져 있었

## 뉴턴, 아인슈타인의 상대성 이론에 무릎을 꿇다

아인슈타인의 가장 핵심적인 업적은 뭐니 뭐니 해도 상대성 이론의 정립일 것이다. 그러나 '상대성 이론을 이해한 과학자는 세계에 몇 명 없다.'는 말을 한 과학자가 있을 만큼 그것을 완벽하게 알기란 쉽지가 않다.

상대성 이론은 1905년에 발표한 특수 상대성 이론과 1916년에 발표한 일반 상대성 이론으로 나뉜다. 그 당시 절대적이라고 믿었던 뉴턴의 역학 법칙이 전자기 이론과 맞지 않는 모순을 보이자, 아인슈타인은 이를 밝히기 위해서 빛의 속력이 항상 일정하다는 가정을 토대로 이론을 전개해 나갔다. 그 결과 시간과 공간은 절대적인 것이 아니고 상황에 따라 변할 수 있다는 결론을 만들었는데, 이것이 특수 상대성 이론이다. 이 이론에 따르면, 움직이는 물체에서는 시간이 천천히 가고, 물체의 길이도 짧아지는 현상이 나타난다. 그리고 물체가 움직이면 그 질량이 커지게 된다.

한편 일반 상대성 이론은 특수 상대성 이론을 모든 상황에 맞게 일반화시킨 것이다. 특수 상대성 이론은 물체의 위치를 정하는 기준점인 좌표계가 일정한 속도로만 움직인다는 가정에서만 맞는 이론이고, 이것을 임의의 좌표계에서도 적용되는 법칙으로 만들어낸 것이 일반 상대성 이론이다.

하지만 이 현상은 물체가 아주 빠르게 움직이는(빛의 속도에 가깝게) 상황에서만 일어나는 것이기 때문에 일상생활에서 경험할 수 있는 것은 아니다. 따라서 뉴턴의 이론은 틀린 것이 아니라, 뉴턴이 상대성 이론이 적용될 만한 현상을 경험하지 못했기 때문에 나타난 결과라 할 수 있다. 그럼에도 수백 년 동안 이어져 왔던 뉴턴의 운동 법칙이 이 상대성 이론 앞에 무릎을 꿇고 말았다는 사실을 부인할 수는 없다.

상대성 이론이 위대하게 느껴지는 이유는 그 이론 자체의 중요성도 있지만, 무엇보다 뉴턴의 과학을 넘어섰다는 데에 있다. 뉴턴의 법칙이 만들어진 것이 17세기. 그러니까 200년이 넘는 시간 동안 지배했던 그 이론과 권위에 도전한 것이 아닌가! 그것은 보통 일이 아니다. 오래전 갈릴레이는 바로 그 도전 때문에 죽을 뻔하지 않았던가! 아인슈타인의 위대함은 바로 권위에 도전하는 정신과 자율성에 있다고 할 수 있을 것이다.

다. 그리고 이름이 적힌 창의 오른쪽 두 번째 유리창에는 아인슈타인의 공식도 적혀 있었던 것! 비밀을 알고 나니 실제로 보지 못하고 그냥 돌아온 것이 무척 아쉬웠다. 다음번엔 기필코 직접 보고 말리라!

그게 뭐가 대단하냐며 비웃는 사람들도 있을지 모르지만, 성당 안에 과학자들의 이름을 새겨 넣었다는 것만으로도 독일이 과학을 문화의 한 부분으로 여기고 있다는 것이기에 그 의미가 다른 것이다.


## 생활 속의 아인슈타인

아인슈타인의 흔적을 찾기보다는 아인슈타인의 이름, 혹은 상대성 이론이 적힌 곳을 마치 숨은 그림 찾기 하는 것만 같았던 일정. 게다가 그것조차 이렇다 할 성과가 없어서 우리는 못내 아쉬웠다. 그래도 독일 까지 왔는데 이대로 물러설 순 없지! 그래서 우리는 아인슈타인의 업적 을 눈으로 직접 확인하기 위해서 뮌헨의 독일 과학관으로 향했다. 그곳 에는 아인슈타인은 물론 막스 플랑크, 하이젠베르크 등과 관련된 전시 물도 있었다. 그것들을 둘러보고 나니, 독일이 현대의 물리학에 어떤 역 할을 했는지 새삼 알 수 있었다. 그중에서 내 시선을 끈 것은 단연 아인 슈타인의 광전 효과에 대한 전시물이었다.

광전 효과는 금속에 빛을 쪼였을 때 금속 표면에서 전자가 튀어나온 다는 것을 밝힌 이론이다. 이 이론은 우리의 실생활에서 어떻게 나타나 고 있을까? 가장 대표적인 것을 꼽자면, 필름 없이 사진을 찍을 수 있는 디지털카메라가 있다. '폰카'와 '디카' 속에 들어 있어 필름의 역할을 하는 CCDCharge Coupled Device가 바로 아인슈타인의 광전 효과를 이용해서 만든 것. CCD는 손톱만큼 작은 반도체 소자인데, 광전 효과의 원리와 같이 빛을 받았을 때 전자를 내놓는 성질을 가지고 있다. 바로 이 전자를 이용해서 정보를 기록하여 사진을 만드는 것이다. 이 밖에도 빛을 감지하는 대부분의 장치들은 광전 효과를 응용하여 만든다. 그러니까 도난 경보기나 자동문, 태양 전지 등도 결국 아인슈타인의 이론이 우리에게 남긴 산물이라 할 수 있다.

이뿐만이 아니다. 아인슈타인의 이론은 모더니즘 예술가와 작가들에게도 많은 영감을 주었다. 대표적으로, 여러 방향에서 본 입체적인 모습을 그려 넣은 피카소가 그렇다. 이러한 피카소의 화법은 아인슈타인이 3차원 공간에 시간을 더해 새로운 시공간 개념을 만든 것과 연관된다. 또한 아인슈타인의 이론에서 시공간이 관찰자에 의해 달라지는 점에

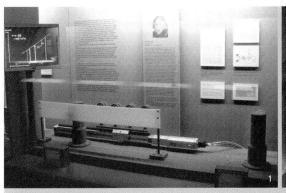

1 뮌헨의 국립 독일 박물관에 소장된 아인슈타인의 광전 효과를 설명한 전시물. 막스 플랑크, 아인슈타인, 하이젠베르크 등 수많은 과학자를 배출한 독일답게 현대 물리학에 관한 전시물들이 유독 많다. 2 아인슈타인 전시물에 걸린 사진. 혀를 내밀고 있는 이 우스꽝스러운 모습에서 상당히 엉뚱하고 재미있는 사람이라는 생각을 했다.

# 신은 주사위 놀음을 하지 않는다

아인슈타인은 미국으로 망명한 이후, 세계에 남길 만한 큰 과학적 업적을 만들어 내지는 못했다. 그는 마지막까지 중력과 전자기력을 통합하려는 통일장 이론에 모든 노력을 기울였다. 그러나 전기와 자기를 통합했듯이 우주의 모든 원리를 하나로 통일하려는 시도는 결국 성공하지 못하고 말았다.

그 당시 세계 물리학계에서 가장 큰 관심을 받고 있던 부분은 양자 역학이었다. 양자 역학은 어떤 현상이 항상 예측 가능한 것이 아니고 확률로만 알 수 있다는 것이다. 하지만 아인슈타인은 자연이 절대적이지 않고, 우연과 불확정성, 그리고 확률에 의해 지배된다는 것을 믿고 싶지 않았다.

1927년 벨기에의 브뤼셀에서 열린 솔베이 회의에 참석한 아인슈타인은 양자 역학을 토론하는 자리에서 "신은 우리를 상대로 주사위 놀이를 하지 않는다."라는 유명한 말을 하였다. 자연 법칙(신)은 확률(주사위 놀음)로 결정될 수 없다는 주장이었다. 이에 대해서 양자 역학의 대가였던 닐스 보어는 "신이 주사위 놀음을 하든 말든 그것은 당신이 상관할 바가 아니다. 전능하신 신에게 지시를 내리는 일은 그만둬라."라고 응수하였다.

회의가 열리는 내내 아인슈타인은 양자 역학의 문제점을 지적하는 문제를 내었고, 닐스 보어는 이 문제를 풀어 아인슈타인에 응대했는데, 이런 논쟁이 6일 동안이나 지속되었다고 한다.

결국 오늘날의 물리 법칙은 양자 역학으로 설명하고 있으니, 아인슈타인의 패배라고 할 수 있겠다. 뉴턴의 이론이 아인슈타인에 의해서 수정되었듯이 과학의 법칙이란 계속 수정되고 발전되는 것이기 때문에, 언젠가는 아인슈타인의 상대성 이론을 뒤엎는 새로운 이론이 나올 수도 있을 것이다.

영향을 받아, 문학에서는 관찰자가 서술하는 방식이 아닌 등장인물의 독백으로 서술하는 방식이 등장하기도 했다. 그 밖의 여러 사상가들에게 크고 작은 영향을 끼친 것은 말할 것도 없다.

아인슈타인과 관련된 전시물을 살펴보고 나자, 문득 궁금한 것이 생겼다.

"빈샘, 좀 이상하지 않아요? 아인슈타인이라고 하면 제일 먼저 상대성 이론이 떠오르는데, 왜 상대성 이론에 대한 전시물은 없을까요?"

내 물음에 빈샘이 잠시 주위의 전시물을 둘러보고 나서 답했다.

"상대성 이론은 말 그대로 이론이기 때문에 전시할 만한 내용이 없어서 그런 것이 아닐까요? 여기에 있는 것들 대부분이 실험과 관련된 것이니까요."

듣고 보니 빈샘의 말이 맞는 듯했다. 아인슈타인이 1921년에 노벨상을 타게 된 것도 상대성 이론보다는 광전 효과 때문이었다. 재미있지 않은가? 아인슈타인 하면 떠오르는 그 유명한 상대성 이론이 실생활에서 확인되지 않은, 그저 이론에 불과하다는 사실. 그렇다면 우리가 믿어 의심치 않았던 그 이론이 사실이 아닐 수도 있는 것일까? 하지만 걱정은 그만! 상대성 이론이 아직도 빛을 발하며 과학 교과서에서 반짝이는 데에는 분명 그만한 이유가 있을 테니.

일반 상대성 이론에 따르면 빛은 질량이 무거운 물체 근처에서 휘어질 수 있다. 물론 태양과 같이 무거운 물체라야 가능한 일이다. 보통은 태양이 밝기 때문에 그것을 확인할 수 없지만, 단 한순간 가능한 때가 있다. 바로 개기 일식이 일어나는 순간이다. 1919년 일식이 일어났을 때, 영국의 에딩턴은 일식 사진을 찍기 위한 두 팀의 탐사대를 적도 부근의 브라질과 아프리카 서쪽 해안의 작은 섬으로 파견하였다. 그리고 아인슈타인이 예측한 대로 빛이 태양 주위에서 휘어진다는 사실을 발견했다. 드디어 상대성 이론이 실험적으로 증명된 순간이었다. 그리고 무엇보다 이 사실의 공식적인 발표가 영국의 왕립 학회에서 이루어진 것은 특별한 의미를 지닌다. 그것은 영국의 자존심인 뉴턴의 중력 법칙을 수정해야 했기 때문이다.

## 훔볼트 대학에 서서

1914년, 아인슈타인은 스위스를 떠나 베를린으로 갔다. 그 당시 세계에서 가장 유명한 물리학자이자 독일 물리학계의 거장인 막스 플랑크가 아인슈타인에게 베를린의 프러시아 과학 아카데미 회원과 베를린 대학의 교수, 물리 연구소 소장의 겸직을 제안했던 것이다. 오직 연구에만 몰두할 수 있는 좋은 환경이 그를 기다리고 있었다. 덕분에 그는 베를린으로 가자마자 2년 만에 일반 상대성 이론을 발표하는 등 왕성한 연구 활동을 계속할 수 있었다. 나치를 피해 미국으로 망명한 1933년까지, 그는 베를린에서 약 20년이라는 긴 시간을 보냈다.

우리는 아인슈타인이 독일에서 보낸 마지막 시기를 엿보기 위해 그가 교수로 지냈던 베를린의 훔볼트 대학을 찾아갔다. 베를린에서 가장 오래된 이 대학은 막스 플랑크, 하버, 오토 한 등 독일에서 내로라하는 과학자들이 학생 또는 교수로 있었던 유명한 대학이다. 노벨상 수상자만 무려 29명! 과학자뿐만 아니라 이 학교를 졸업한 사람 중에는 카를

마르크스나 그림 형제 등 유명한 사람들이 많다.

　비 오는 일요일 오전의 훔볼트 대학은 아주 고즈넉했다. 우리는 대학을 둘러보며 여러 상념에 젖었다.

　'80년 전에 아인슈타인이 이 문을 통과해서 강의를 하러 왔겠지?'라는 생각으로 강의실의 낡디낡은 문을 열자, 마치 그 시절로 들어서는 것

1 훔볼트 대학 내부에 걸린 아인슈타인을 비롯한 수많은 졸업자와 교수들의 사진  2 "철학자들은 세상을 여러 면에서 분석하였지만, 문제는 세상을 변혁시키는 데 있다."라는 카를 마르크스의 명언이 새겨진 대학의 본관 1층  3 훔볼트 대학 근처에 있는 아인슈타인 카페  4 아인슈타인이 재직했던 훔볼트 대학

같은 기분이 들었다. '내가 들이마시는 공기 중에는 그가 내뱉은 분자들도 많이 들어 있겠지?' 하는 생각이 들어 숨을 더 크게 들이쉬면, 아인슈타인이 내 곁에 와 있는 것 같은 착각이 들기도 했다. 그리고 '아인슈타인은 베를린의 이 비를 맞으면서 어떤 아이디어를 떠올렸을까?'를 생각하며 그가 밟았던 길을 거닐고, 그가 올랐을 계단을 따라 올라가 보면서 '만일 내가 그 당시 아인슈타인이라면……' 하고 상상해 보는 것은 그 자체만으로도 가슴이 뛰었다. 이생

### 울름에서 아인슈타인 찾기

다음의 지도를 보고 중앙역에서부터 아인슈타인의 흔적을 찾아 울름을 둘러보자. 중앙역에서 대성당까지는 도보로 15분. 마을이 크지 않으니, 주변의 경관도 함께 감상하며 걸어 다니는 것이 좋겠다. 마을 곳곳에서 아인슈타인의 숨결을 느낄 수 있을 것이다.

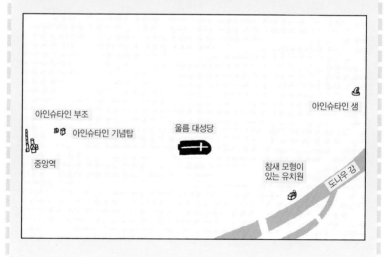

이건또
뭔애기?

# 빵 냄새가 솔솔
# 빵 문화 박물관

　맥주와 소시지는 독일의 어느 곳엘 가도 쉽게 접할 수 있는 음식이다. 그리고 또 한 가지가 있었으니, 그것은 바로 빵이다. 한국 사람들의 주식이 밥이라면 서양 사람들의 주식은 빵이 아니던가. 우리는 여행을 하다가 우연히 울름에 빵 문화 박물관이 있다는 것을 알게 되었다.

　"빵 박물관이니까 맛있는 빵을 실컷 먹을 수 있겠지?"

　"《헨젤과 그레텔》에 나오는 것 같은 '빵으로 만든 집'이 있을지도 몰라."

　우리는 벌써 빵 굽는 냄새를 맡기라도 한 듯 들뜬 기분으로 길을 나섰다.

　4층 규모의 빵 문화 박물관에는 빵의 역사, 빵과 기아, 빵을 만드는 방법 등에 대한 여러 전시물이 있었다. 그중에서 가장 재미있었던 것은 빵을 만드는 과정을 설명한 전시물이었다. 빵의 주재료인 밀이나 호밀 등 다양한 곡물을 시작으로 이 곡물을 가루로 만들고 반죽을 한 다음 모양을 잡아 굽는 과정을 단계별로 볼 수 있었다. 탐스럽게 부풀어 오른 말랑말랑한 빵! 빵을 부풀어 오르게 하려면 어떻게 해야 할까? 반죽을 하여 숙성시키는 과정이 그것을 결정하는데, 이 대목은 동영상을 통해 생생하게 알 수 있었다.

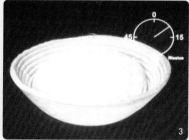

¹빵 문화 박물관의 전경　²곡식을 빻는 도구들. 시대순으로 전시되어 있다.　³밀가루 반죽이 어느 정도 부풀어 오르는지를 보여 주는 동영상 전시물 ⁴열심히 밀을 빻아 빵을 만들자! 요리에 관심이 많은 홍샘이 제일 신났다.

세계의 기아 상태를 알려 주는 지도. 초록색으로 표시된 우리나라와 붉은색으로 표시된 북한이 대조적이다.

    그런데 왜 밀가루 반죽은 시간이 지나면서 부풀어 오르는 것일까? 이것은 반죽을 할 때 넣는 물질 때문인데, 바로 이스트라고 불리는 효모가 그것이다. 효모는 곰팡이나 버섯과 같은 살아 있는 단세포 생물로, 빵의 효모인 이스트는 포도당을 분해해서 알코올과 이산화탄소를 만들고 이때 생긴 에너지로 생활을 한다. 여기서 이산화탄소가 반죽이 부풀어 오르게 하는 역할을 한다. 이렇게 부푼 반죽을 오븐에 넣어 구우면 열을 받아 더 팽창하기 때문에 빵은 더욱더 커지게 된다. 구운 빵의 단면을 보면 많은 구멍이 나 있는데, 이 구멍이 바로 이산화탄소가 있던 자리이다.

    이산화탄소는 화학적인 방법으로도 발생시킬 수 있다. 보통 베이킹파우더 또는 소다로 불리는 탄산수소나트륨이 열을 받았을 때 발생하는 이산화탄소로도 빵을 부풀게 할 수 있는 것이다.

그런데 밀가루 반죽 속에서 만들어지는 이산화탄소가 밖으로 바로 빠져나가지는 않을까? 천만의 말씀! 반죽을 하는 이유가 바로 여기에 있다. 밀가루에는 글리아딘과 글루테닌이 들어 있는데, 이것을 물과 혼합하여 반죽을 하면 그물 모양의 구조를 형성하는 끈끈한 글루텐이 만들어진다. 이 글루텐이 이산화탄소가 빠져나가지 못하게 막기 때문에 빵은 풍선처럼 부풀어 오르게 된다. 그리고 소량의 소금을 넣는데, 그것은 소금이 글루텐의 생성을 돕는 역할을 하기 때문이다. 또한 글루텐은 빵을 쫄깃하게 만드는 역할도 한다.

열심히 빵을 만드는 과정을 보다 보니 슬슬 배가 고팠다. 오호통재라! 맛있는 빵을 먹을 수 있으리라 기대했는데, 박물관 어디에서도 시식 코너는 찾아볼 수 없었다. 이렇게 아쉬울 데가…….

'박물관 앞에서 빵 장사나 해 볼까?'

여기서 빵을 만들어 팔면 진짜 잘 팔리겠다는 엉뚱한 생각을 하다가, 나는 입맛만 다시며 박물관을 나섰다. 이샘

빵 문화 박물관 찾아가기

| 홈 페 이 지 ▶ | www.brotmuseum-ulm.de/museumen |
| 주      소 ▶ | Museum der Brotkultur, Salzstadelgasse 10 89073 Ulm |
| 교 통 편 ▶ | 울름 중앙역에서 도보로 10분 |
| 개관 시간 ▶ | 10:00~17:00, 수요일은 10:00~20:30 |
| 휴 무 일 ▶ | 1월 1일, 2월 28일, 4월 14일, 5월 1일, 11월 1일, 12월 24·25·31일 |
| 입 장 료 ▶ | 3.5유로 |

구텐베르크 인쇄실로의 초대

# 구텐베르크 박물관

"세상을 더 많이 변화시킨 것은 금이 아니라 납이었다.
납 가운데서도 총알 제조용으로 사용된 납보다
인쇄 활자로 사용된 납이 세상을 더 많이 변화시켰다."

리히텐 베르크, 독일의 물리학자

::**관련 단원** 중학교 과학 2 혼합물의 분리  고등학교 화학 1 주변의 물질

# 금속 활자의 비밀

오늘날 우리가 너무나 당연히 누리고 있는 많은 것들은, 사실 오랜 세월 동안 사람들이 연구하고 발명, 혹은 발견한 것들이다. 물론 현재의 모습을 갖추기까지는 수많은 변화와 발전을 거듭해야 했겠지만. 휴대 전화는커녕 유선 전화기도 없었던 오래전 시대의 이야기들을, 지금은 역사 드라마를 통해 지하철을 타며 DMB로 볼 수 있다는 것을 생각하면, 그동안 인류가 얼마나 많은 변화와 발전을 겪었는지 새삼 실감하게 된다. 그렇다면 지금의 인류가 있기까지 인류를 변혁시킨 가장 큰 사건은 무엇일까?

미국의 시사지 《타임》은 새 천 년을 앞둔 1999년, '지난 천 년 동안 인류를 변혁시킨 100대 사건'으로 구텐베르크의 '금속 활자'를 1위로 꼽았다. 구텐베르크는 '지난 천 년 동안의 10대 인물' 가운데 2위를 차지하기도 했다.

어? 그런데 이상하다. 금속 활자는 우리나라가 먼저 만들었는데, 왜 구텐베르크의 금속 활자가 1위로 선정됐을까? 혹시 세계 최초를 잘못 알고 있는 것은 아닐까? 또다시 궁금증이 밀려오기 시작했다. 이럴 땐 백문이 불여일견! 궁금한 것이 있으면 반드시 확인해야 직성이 풀리는, 우리는 과학 선생님이 아닌가! 그렇다면 일단 구텐베르크 박물관이 있는 마인츠로 고고씽!

프랑크푸르트에서 기차로 40여 분을 달려 도착한 마인츠. 라인 강과 마인 강이 합류하는 곳에 위치한 데다, 라인 강의 유람선이 출발하는 도시여서 그런지 관광객들이 많았다. 우리나라로 치면 남한강과 북한강이 합쳐지는 양수리쯤 되려나?

마인츠의 중앙역에 내려 우리는 박물관까지 걷기로 했다. 도시가 크지 않아 길가에 늘어선 상점들을 구경하며 걷기에는 딱 좋았다. 얼마쯤 걸었을까? 어쩐지 옆자리가 허전하다 싶었는데, 같이 걸어가던 빈샘이 보이지 않았다. 뒤를 돌아보았더니 한 상점의 쇼윈도 앞에서 넋을 놓고 있었다.

"빈샘, 뭐 재미있는 거라도 있어요?"

별것 아니면 구박이라도 할 심산이었다. 그런데…….

"여기 이것 좀 보세요. 정말 예뻐요. 진짜 사고 싶네요."

빈샘이 가리킨 쇼윈도 안에는 원목을 조각해서 만든 인형들이 가득했다. 과연 마음을 쏙 뺏길 만큼 아기자기하고 예뻤다. 지름신은 이미 빈

구텐베르크 박물관 앞 광장에서 열린 아침 시장. 우리나라 오일장을 떠올리게 하는 소박한 모습이다.

<sup>1</sup>박물관 앞마당에 놓인 커다란 활자로 만들어진 나무 의자 <sup>2</sup>짜잔! 이 것이 우리의 목적지 구텐베르크 박물관이다. <sup>3</sup>박물관 앞에 세워진 구 텐베르크의 두상 <sup>4</sup>엉덩이에 글자가 새겨진다고 나를 놀렸던 빈샘이 활 자 의자 앞에서 찰칵~

샘의 머리 위에 사뿐히 내려앉을 준비를 하고 있었다. 나는 그 지름신이 강림을 마치기 전에 얼른 빈샘의 팔을 잡아끌었다. 만만치 않은 가격 때문이었다. 독일에 온 지 얼마 안 됐는데 벌써부터 이러면 곤란하지, 암.

목각 인형에 미련을 버리지 못한 빈샘을 부추겨 빠른 걸음으로 마인츠 구시가지 한복판에 있는 대성당을 향했다. 그곳에 도착하자 구텐베르크 박물관을 어렵지 않게 찾을 수 있었다. 때마침 박물관 앞의 광장에서는 아침 시장이 한창이었다. 좌판 위에 즐비한 채소와 과일들을 보자, 그 소박한 모습이 우리나라 시골의 오일장을 떠올리게 했다.

시장을 가로질러 박물관에 들어서자 가장 먼저 우리를 반긴 것은 커다란 활자 모양의 나무 의자였다. 걸리버 여행기의 거인국 사람들이 쓰는 활자 크기가 이 정도일까? 한번 앉아 보고 싶은 마음에 살짝 엉덩이를 대려고 하는 찰나, 빈샘이 나를 향해 외쳤다.

"거기 앉았다가 엉덩이에 큼지막하게 글자가 새겨지면 어쩌려고요!"

나는 깜짝 놀라 엉덩이를 떼었다. 물론 정말 그럴 일은 없겠지.


## 구텐베르크의 인쇄실


1900년에 구텐베르크 탄생 500주년을 기념하여 설립된 이 박물관은 인쇄 및 출판과 관련해서는 가장 오래된 박물관이다. 10년이면 강산도 변한다는데……. 100년이 넘는 시간 동안 이렇게 오롯이 보존될 수 있었다니 그저 감탄스러울 뿐이었다. 그런데 더욱 놀라운 것은 그 100여 년이 지나는 동안 독일은 제2차 세계 대전을 겪었다는 사실. 다행히 그 당시 폭격의 위험을 미리 감지하고 전시물들을 다른 장소에 옮겨 놓은 덕분에 아직까지 무사하게 잘 보존되어 있었다.

가장 먼저 찾아간 곳은 역시 구텐베르크의 작업실. 구텐베르크가 금속 활자를 이용해서 인쇄를 했던 작업실을 그대로 재현한 곳이었다. 그곳에서는 관람객들을 대상으로 실제 인쇄 과정을 재현하기도 하는데, 우리가 갔을 때는 아쉽게도 그 모습을 볼 수 없었다. 하지만 낙담은 금물. 사람이 많지 않다는 것을 이용하여, 우리는 그곳을 더욱 구석구석 살펴볼 수 있었다.

작업실은 활자 틀이 있는 곳과 종이에 인쇄를 하는 곳으로 나뉘어 있

1 구텐베르크의 작업실이 한눈에! 금방이라도 구텐베르크가 나타나 인쇄기를 사용할 것만 같다. 2 작업실을 가득 메운 활자 틀과 인쇄기

었다. 활자 틀에서는 인쇄에 사용할 활자를 골라 판에 순서대로 담는 조판 과정이 이루어진다. 그리고 활자판에 잉크를 바른 뒤, 그 위에 종이를 올려놓고 고르게 문지르면 원하는 문서 완성! 인쇄기 위에는 '이것이 완성본'이라는 것을 증명이라도 하듯 이제 막 인쇄를 마친 것처럼 보이는 종이가 놓여 있었다.

"예전에 본 사극에서는 금속 활자로 인쇄할 때 인쇄기가 없었던 것 같은데……."

빈샘이 이상하다는 듯 고개를 갸웃거렸다.

"우리나라에서는 인쇄기를 사용하지 않고 그냥 종이를 올려놓고 인쇄를 했대요. 인쇄하는 모습을 그린 그림에도 기계가 없더라고요."

현존하는 세계 최고의 금속 활자인 직지심체요절直指心體要節, 1377을 만들어 낸 우리나라에서 인쇄술이 크게 발전하지 못한 이유 중 하나는, 실제로 책을 만들어 내는 도구인 인쇄 장치 개발이 활발하게 이루어지지 않았기 때문이다. 금속 활자의 가치는 뭐니 뭐니 해도 많은 정보를 빠르게 널리 퍼트리는 데 있는 것. 아쉽게도 우리나라에서는 최초의 금속 활자 발명이라는 놀라운 업적을 이룩하고도 그 가치를 제대로 활용하지 못했던 것이다. 아, 이렇게 안타까울 수가. 기술이 부족했던 것도 아니었는데…….

우리나라에서 인쇄 장치에 대한 개발이 더뎠던 이유는 두 가지로 생각해 볼 수 있다. 하나는 많은 책을 다량으로 인쇄할 필요가 없어서 인쇄 장치 개발의 필요를 느끼지 못했기 때문이다. 그리고 다른 하나는 부

¹인쇄에 사용할 활자들을 골라 판에 순서대로 담는 활자 틀 ²이 인쇄기를 이용해 잉크를 바르고 종이를 얹은 뒤 고르게 문질러 주면 인쇄 끝! ³오랜 세월의 향기가 묻어나는 인쇄 기구들 ⁴빈샘, 무슨 글자를 그리 열심히 치세요?

피가 크고 부드러워서 큰 압력을 가해야만 인쇄가 가능했던 유럽의 종이와는 달리, 우리나라와 중국에서는 세게 누르지 않아도 인쇄가 잘 되는 질 좋은 종이를 가지고 있었다. 사실 유럽이 금속 활자 이전의 목판 인쇄에서도 인쇄기를 사용했던 것 역시 이러한 이유 때문이었다.

"이샘, 활자도 대단하기는 하지만 책을 만들기 위해서 이렇게 멋진 인쇄기를 만들었다는 것이 더 대단하지 않아요?"

인쇄기를 둘러보던 빈샘이 반짝거리는 눈으로 물었다.

"맞아요. 그런데 또 재미있는 사실이 뭔지 아세요?"

나는 좀 더 뜸을 들일까 하다가, 내 대답을 간절하게 기다리고 있는 빈샘의 눈을 보고는 곧바로 털어놓았다.

"바로 이 인쇄기의 기원이 올리브를 짜는 압착기라는 거예요."

빈샘이 반짝이던 눈빛을 거두더니 다 아는 이야기라는 듯이 고개를 끄덕였다.

'인쇄하다'라는 뜻의 독일어 단어가 'presse 영어로는 press'인 것은 구텐베르크의 인쇄기가 올리브나 포도를 눌러 오일이나 포도즙을 짜내는 압착기에서 유래했기 때문이다. 'presse'에는 '누르다'라는 뜻도 있으니까. 포도즙을 짜는 데 사용하는 압착기는 와인 공장에서 나온 것일 테지? 그렇다면 결국 구텐베르크의 인쇄술도 와인의 영향을 받은 것일까? 어쨌든 구텐베르크의 인쇄실에 있는 인쇄기는 바로 그 포도즙 압착기를 이용해서 만든 것이었다.

"그리고 보면 그렇게 대단한 것도 아니죠?"

나는 빈샘의 반응에 살짝 김이 빠져 시큰둥하게 말했다. 그러자 빈샘이 고개를 저었다.

"그래도 철제 인쇄기가 나오기 전까지 무려 350여 년 동안이나 이 형태의 인쇄기가 계속 사용되었는걸요. 그것만으로도 대단하지 않아요?"

그렇지. 사실은 별것 아닌 것들이 큰 변화의 시작인 것을……. 다시 보니, 인쇄기가 마치 "이래도 안 대단해 보여?"라고 말하는 것처럼 위풍당당하게 느껴졌다.

작업실 주위에는 인쇄하는 데 사용하던 여러 도구들과 인쇄 장치들도 전시되어 있었다. 특히 인상 깊었던 것은 구텐베르크가 직접 만들어 사용했던 작은 활자들. 그 작은 것이 세상을 변화시키는 큰 역할을 했다는 생각을 하니 왠지 모르게 가슴이 벅차올랐다. 한국인인 내가 보기에

도 이런데 독일 사람들은 오죽 뿌듯할까. 그래서인지 독일에서는 구텐베르크 박물관 외에도 독일 과학관이나 어린이 과학관에 구텐베르크의 인쇄소를 재현해 놓아, 현대에 큰 영향을 미친 인쇄의 중요성을 부각시키고 있다.

## 구텐베르크의 가면

인쇄 혁명의 주역 구텐베르크. 그러나 그에 대한 이야기는 거의 알려져 있지 않다. 1400년경에 태어나 주로 보석 세공과 유리 만드는 일을 하다가, 1450년 이후 마인츠로 돌아와 금속 활자를 이용한 인쇄를 시작했다는 기록만 남아 있을 뿐이다. 이렇게 베일에 싸인 인물들이 우리에게 매력적인 이유는 그만큼 상상의 여지가 많다는 것 아니나 다를까, 구텐베르크에 대한 추측과 소문들도 무척이나 흥미롭다. 《미켈란젤로의 복수》, 《레오나르도 다빈치의 진실》이란 책으로 유명한 빈덴베르크는 '인쇄술을 지배하는 자가 세계를 지배한다'는 주제로 15세기 중세 유럽에서 벌어진 금속 활자와 관련된 여러 세력들의 다툼을 그린 《구텐베르크의 가면》이라는 소설을 썼

구텐베르크의 초상화

다. 이 책은 구텐베르크가 금속 활자를 발명한 과정이 역사에 기록되지 않은 점을 이용하여, 구텐베르크가 다른 사람이 만든 금속 활자 기술을 가로챘다는 가상의 이야기를 담고 있다. 한편 '서울 디지털 포럼 2005'에 방문한 앨 고어 전 미국 부통령은 한국의 디지털 혁명을 칭찬하면서 "스위스 인쇄 박물관에서 알게 된 것인데, 구텐베르크가 인쇄술을 발명할 때 이야기를 나눈 교황의 사절단이, 사실은 한국을 방문하고 여러 가지 인쇄 기술 기록을 가져온 구텐베르크의 친구였다."고 전하기도 했다.

과연 진실은 무엇일까? 구텐베르크가 무덤에서 벌떡 일어나 밝혀 주지 않는 한 결코 알수 없겠지?

# 목판 인쇄에서 금속 활자까지

이곳에는 금속 활자가 발명되기 이전의 인쇄물들도 많이 전시되어 있었다. 인쇄의 처음은 역시 손으로 베껴 쓰기. 그 후 나무를 이용한 목판 인쇄가 발명되었는데, 이 목판 인쇄는 나무를 판화처럼 깎아서 글씨 틀을 만든 다음 찍어 내는 것이다. 여기에는 나무를 깎는 능력만이 아니라 목판을 준비하는 데에도 상당히 오랜 시간과 노력이 요구되었다.

세계 문화유산으로 등록된 〈팔만대장경〉을 예로 들어 보자. 먼저 산에서 베어 온 원목을 네모난 판으로 잘라 3년 동안 바닷물에 담갔다가 소금물로 삶아 글을 새기기 쉽게 결을 삭힌다. 그 후 민물에서 다시 소금기를 빼고 나무판이 뒤틀리거나 쪼개지지 않게 응달에서 1~2년 동안 충분히 말려야 비로소 글씨를 새길 수 있다. 글을 새긴 후에도 방습이나 방부 효과를 위해 2~3회에 걸쳐 옻칠을 해야 한다.

아니, 도대체 어느 세월에 인쇄를 하지? 게다가 목판은 시간이 지남에 따라 마모되거나 부서지는 등 보관과 관리가 어려운 단점도 있다. 그런데 놀랍게도 〈팔만대장경〉은 8만 1258장이나 되는 엄청난 양의 경전판이 800년 가까이 흐른 지금까지도 잘 보관되어 있다. 이것이 팔만대장경이 가치 있는 이유이다. 왜 그럴까? 그 이유는 대장경이 보관되어 있는 장경판전 때문이다. 15세기 조선에서 만들어진 이 건물의 바닥에는 숯, 석회 가루, 소금, 모래 등이 섞여 있어 쥐나 해충이 살기 어렵다. 뿐만 아니라 습도와 온도를 적절하게 조절할 수 있도록 창문을 배치하는 등의 노력도 기울였다. 아, 이 깊고도 깊은 보존 과학의 백미라니!

그러나 목판은 금방 닳아 없어지기 때문에 오랫동안 사용할 수 없었다. 또한 나무판 전체를 깎아서 만들어야 하기 때문에 한 글자만 잘못되어도 다시 만들어야 하는 불편함이 있었다. 이런 어려움을 극복하려고 만든 것이 금속 활자이다. 이것은 금속으로 만들었기 때문에 오래 사용할 수 있을 뿐만 아니라, 낱글자로 되어 있는 활자를 조합하면 여러 종류의 책을 바로 만들 수 있는 장점도 있다. 15세기에 유럽에서 급격히 증가한 인쇄물의 수요를 구텐베르크의 금속 활자가 해결해 준 것이다.

구텐베르크가 이 금속 활자로 만든 인쇄물 중에서 가장 유명한 것은 42행 성서다. 한쪽에 42행씩 두 줄로 되어 있는 이 라틴 어 성서는 총 180부가 인쇄되었다고 한다. 그러니 당시에 이것을 구하는 일이 하늘의 별 따기만큼 힘들었던 것은 당연지사. 오늘날에는 전 세계에 48권이 남아 있는데, 그중 한 권이 이 박물관에 전시되어 있었다. 이 귀한 자료를 안 보고 넘어갈 수는 없지! 우리는 42행 성서를 찾아 박물관의 가장 으슥한 곳으로 자리를 옮겼다. 워낙 오래된 종이라서 습도나 온도는 물론, 조금만 밝은 빛에도 손상될 수 있기 때문에 특별한 곳에 보관이 되어 있었던 것. 촬영 금지는 당연했고, 너무 어두운 곳에 보관되어 있어서 그것을 보기 위해

이것이 그 유명한 42행 성서. 구텐베르크가 금속 활자로 인쇄한 최초의 인쇄물이다.

# 금속 활자로 《직지심체요절》 만들기

① 글자본 선정 : 활자를 만들 글자를 정한다.
② 자본 붙이기 : 선정한 글자를 밀랍에 거꾸로 붙인다.
③ 어미자 만들기 : 칼로 조각하여 밀납 활자를 만들고 밀랍봉에 붙인다.
④ 주형틀 완성하기 : 밀납봉에 붙인 자본을 주형틀에 넣는다.
⑤ 쇳물 붓기 : 주형틀에 쇳물을 붓는다.
⑥ 활자 떼어 내기 : 금속으로 된 활자를 만들어 낸다.
⑦ 조판 : 만들어진 활자를 글의 순서에 맞게 틀에 넣는다.
⑧ 인쇄 : 조판된 틀에 잉크를 묻힌 뒤 종이를 올리고 고르게 문질러 인쇄한다.

서는 동공이 커질 때까지 한참을 기다려야 했다.

"구텐베르크가 금속 활자로 성서보다 먼저 만든 것이 뭔지 아세요?"

42행 성서를 보고 밖으로 나오면서 빈샘이 물었다.

"글쎄요, 분명 성서보다 간단한 것일 텐데……."

빈샘은 고민하는 내 모습을 보더니 마치 퀴즈 프로그램에서 정답을
맞추듯 외쳤다.

"면죄부!"

자기가 묻고 자기가 대답하다니…….

구텐베르크가 금속 활자를 만들게 된 계기는 종교였다. 바로 천국행 티켓인 면죄부를 만들기 위해서였던 것. 15세기경 교황은 성전을 치르는 십자군 용병들에게 지불할 비용을 면죄부를 발행하여 충당하도록 했다. 당연히 빨리 만들수록 많이 만들 수 있고, 많이 만들수록 많은 돈을 모을 수 있었겠지? 그런데 사람이 필사본을 만드는 것은 너무 오랜 시간이 걸린다. 그래서 그때, 구텐베르크의 금속 활자가 짜잔! 하고 나타나 이 문제를 해결한 것이다.


## 옛날에도 그림책이 있었을까?


"옛날 사람들은 책에 그림이 없어서 심심했을 거 같아요. 요즘 나오는 화려한 그림책들을 보면 예전의 아이들이 좀 불쌍하게 느껴져요."

전시된 활자 인쇄물들을 보니, 그 당시 아이들은 그림책이라는 걸 몰랐겠구나 싶어 조금 측은하게 여겨졌다. 그런데 말이 끝나기 무섭게 아주 예쁜 그림이 담겨 있는 책이 눈에 띄었다. 당연히 손으로 그린 것이라고 생각했는데 그렇지가 않았다. 그 책의 설명에는 독일어로 'Litho-graphie'라는 말이 적혀 있었다.

"리소그래피라면 반도체 공정에 나오는 말인데……."

리소그래피를 이용한 인쇄 방법과 도구들

　반도체를 잘 만드는 데 가장 중요한 핵심 기술이라고 수업 시간에 침 튀겨 가며 강조하곤 했던 그 '리소그래피'를 이곳에서 발견할 줄이야! 그때 의아해 하는 내 모습을 지켜보던 빈샘이 '이건 몰랐지?'라는 표정으로 내 궁금증을 풀어 주었다.

　"그거, 예전에 미술 시간에 해 봤는데 석판화라는 뜻이에요."

　나는 금세 말 잘 듣는 학생처럼 고개를 끄덕거리며 2층에 전시된 리소그래피 관련 도구들을 신기한 듯이 바라보았다. 정교한 그림이 그려진 돌과 그것을 이용해서 만들어진 인쇄물들을 바라보던 나는 금세 눈이 휘둥그레졌다. 특히 리소그래피 기법을 이용해서 인쇄를 하는 과정들을 한눈에 볼 수 있도록 만들어진 모형이 나를 사로잡았다. 넋을 잃고 바라보는 내 옆에서 빈샘이 친절한 가이드 모드로 돌변했다. 자, 이제부터 가이드 빈샘의 친절한 설명이 이어진다.

　"리소그래피는 1798년 독일의 제네펠더가 발명했어요. 돌을 보면 아시겠지만, 석판 인쇄라고도 불러요. 물과 기름이 서로 배척하는 성질을 이용하여 잉크를 받는 부분만 찍혀 나오는 거예요. 기본적으로 탄산칼슘이 주성분인 석회석 위에 지방 성질을 띤 물질인 크레용이나 해먹을 이용해서 그림을 그려요. 그 후에 아라비아고무와 초산 혼합액을 돌 표면에 바르면, 그림에 포함된 성분인 지방은 초산으로 분해되어 지방산이 되고, 다시 이 지방산이 석판의 주성분인 탄산칼슘과 화합해서 지방산칼슘이 되는데, 이것은 물을 밀어내고 유성 물질을 끌어당기죠. 반면에 그림이 그려지지 않은 부분에서는 아라비아고무 속의 아라비아산이 초산과 결합하여 수분을 보호하는 막을 형성해요. 그래서 이 판 위에 유성 물질인 잉크를 바르면 크레용으로 그린 부분만 잉크가 묻어나서 인쇄가 되는 거죠. 이처럼 리소그래피를 이용하면 여러 가지 도형이나 그림을 인쇄할 수 있어요. 글씨만 인쇄할 수 있는 금속 활자의 부족함을 메워 줄 수 있게 되는 거죠. 어때요? 옛날 아이들도 그리 불쌍하진 않죠?"

# 독일에서 느낀 한국의 힘

우리나라의 금속 활자는 구텐베르크의 금속 활자보다 200여 년이나 앞서 발명되었다. 거의 고조할아버지뻘이다. 역시 어른을 알아보는 것일까? 이곳에는 세계 여러 나라의 전시관도 마련되어 있었는데, 이슬람이나 일본, 중국 등에 비해 우리나라의 인쇄 역사가 가장 자세하게 소개되어 있었다.

한국관이 처음 설치된 것은 1973년. 이후 1995년 12월에 확장해 현재의 모습을 갖추었고, 활발한 교류를 통해 다양한 전시가 이루어지고 있다고 한다. 또한 한글과 한글 서예를 소개하고 체험하는 행사도 연중 내내 마련되어 있으며, 청주 고인쇄 박물관과 자매결연을 맺어 한국 문화 행사도 진행하고 있다. 이를 증명이라도 하듯 전시관 한쪽에는 2006년 독일 프랑크푸르트 도서전에 출품했던 '한국의 아름다운 책 100'이 전

1 한국관의 모습. 우리나라에서 발행된 여러 고서들과 《직지심체요절》의 원판 모형, 현재 우리나라의 도서 들이 전시되어 있다. 2 한국의 인쇄에 대해 교육을 받는 마인츠 대학 학생들

## 리소그래피가 반도체 공정의 핵심 기술이라고?

반도체는 아주 작은 공간에 수많은 전자 부품들이 가득 들어 있는 고밀도 집적 회로이다. 이러한 반도체 내의 전자 부품들을 따로 조립하는 것은 거의 불가능하다. 리소그래피는 반도체를 만들 때 부품과 그 연결 부분의 아주 미세하고 복잡한 구조를 그림으로 그리는 과정을 말한다.

이 과정을 좀 더 자세하게 알아볼까? 우선 반도체의 재료가 되는 웨이퍼라는 물질 위에 빛에 반응하는 약품을 발라 둔다. 그 후 그림의 원본을 필름 형태로 만들어 위에서 빛을 주면 그 그림자가 웨이퍼에 나타난다. 이때 중간에 아주 정밀한 카메라를 놓아 그림자가

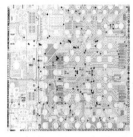

반도체는 리소그래피 기술을 이용하여 작은 그림을 만든 또 다른 인쇄물이라고 할 수 있다.

작아지게 한다. 그러면 빛에 노출된 부분은 화학 반응에 의해서 약품이 제거되고 나머지 부분만 남게 되는데, 이 상태에서 화학 약품 속에 담그면 약품이 없어진 부분만 녹여서 깎인다. 그리고 결국 남은 부분이 전기가 흐르는 회로도가 되는 것이다.

리소그래피가 일반 인쇄 과정과 다른 점이 있다면 빛을 이용한다는 것, 그리고 그림을 아주 작게 반도체 위에 축소시킨다는 것 정도이다.

시되어 있었다.

낯선 곳에서 만나는 '한국'에 대한 반가움을 어디에 비할 수 있을까? 뿌듯한 마음으로 한국관을 둘러보고 있는데, 전시관 한쪽에 제법 많은 학생들이 모여 있는 게 보였다.

"어디서 온 학생들인가요?"

학생들이 전시물을 관람하는 틈을 타, 인솔자에게 물어보았다.

"네, 마인츠 대학 학생들이에요."

그는 마인츠 대학에서 1학년을 대상으로 한 교양 강좌를 맡고 있는 교수였다. 그들은 이 박물관을 견학하던 중에 한국의 금속 활자에 대해서 이야기하고 있는 중이었다. 잠시 뒤, 우리가 한국에서 왔다는 것을 알고 학생들이 술렁이기 시작했다.

"저 사람들, 한국에서 왔대."

'지금 너희가 신기한 눈으로 바라보고 있는 그 금속 활자 있지? 그거

## 《직지심체요절》과 청주 고인쇄 박물관

《직지심체요절》은 청주의 흥덕사에서 1377년에 금속 활자로 간행된 《백운화상초록 불조직지심체요절(白雲和尙抄錄 佛祖直指心體要節)》이라는 책을 줄여 부르는 말이다. 이것은 원래 상하로 구성되어 있는데, 현재 상권은 전해지지 않고, 하권만 프랑스 국립 도서관에 보관되어 있다. 최초의 금속 활자본은 1234년에 만들어진 《상정고금예문》으로 알려져 있으나 지금은 남아 있지 않고, 현존하는 가장 오래된 금속 활자본이 바로 《직지심체요절》이다. 뿐만 아니라 세계 최초의 목판 인쇄본도 우리나라에서 만들어진 《무구정광대다라니경》이다. 우리나라는 인쇄에 있어서 세계 최초를 2관왕이나 차지한 셈이다.

프랑스에 보관 중인 《직지심체요절》. 우리 것을 보기 위해 다른 나라에 가야한다는 현실이 슬프다.

《직지심체요절》이 발행된 흥덕사는 1985년에 발굴되었고, 1992년에는 흥덕사 터의 정비와 함께 청주 고인쇄 박물관이 문을 열었다. 청주 고인쇄 박물관은 2600여 점의 유물을 전시하고 있으며, 다양한 인쇄 문화와 관련된 것들을 전시하고 있다. 또한 《직지심체요절》을 세계에 알리기 위해 박람회를 개최하는 등 다양한 활동을 통해 2001년 9월 4일 유네스코가 인정하는 세계 기록 유산으로 인정을 받기도 했다.

《직지심체요절》의 제조 과정을 보여 주는 전시물. 예쁜 인형들로 만들어져 있어 금속 활자의 제조 과정을 쉽고 재미있게 익힐 수 있다.

다 우리나라에서 만든 거야!'

나는 고개를 45° 각도로 들고 어깨에 힘을 준 채, 그곳의 한쪽 벽에 붙어 있는 《직지심체요절》의 원판 모형을 바라보았다. 아, 그때의 자랑스러움은 겪어 보지 못한 사람은 모르리라. 게다가 그곳에 전시된 여러 고서적들과 최초의 금속 활자본 《직지심체요절》은 내 어깨에 더욱 힘을 실어 주었다. 나는 마음속으로 크게 외쳤다.

'독일 구텐베르크 박물관에 금속 활자의 원조인 대한민국 국민이 왔다!!' **이생**

구텐베르크 박물관 찾아가기

**홈페이지** ▶ www.gutenberg-museum.de

**주　　소** ▶ Liebfrauenplatz 5 55116 Mainz

**교 통 편** ▶ 마인츠 중앙역에서 버스(54-57-60-65, 71)를 이용하여 Höfchen 정류장에서 하차.
　　　　　또는 마인츠 중앙역에서 도보로 약 15분

**개관 시간** ▶ 09:00~17:00(일요일은 11:00~15:00)

**휴 무 일** ▶ 매주 월요일 또는 공휴일

**입 장 료** ▶ 일반 5유로, 학생 2유로

## 새로운 개념의 자동차 전시장
# BMW 벨트

독일에는 유명한 자동차가 많다. BMW, 벤츠, 아우디……. 이름만 들어도 둘째가라면 서러울 세계적인 명차들이다. 그렇다면 독일은 어떻게 명차의 왕국이 된 것일까?

독일은 제1, 2차 세계 대전을 일으켰다 모두 패하고 말았다. 그 후 전쟁을 하는 동안 무기를 만들었던 군수 공장들은 중기계 공장이나 자동차 공장으로 업종을 바꿀 수밖에 없었다. 그 덕에 독일의 자동차 산업이 일찌감치 발달할 수 있었다.

BMW는 1916년 뮌헨에서 비행기 엔진을 만드는 회사로 문을 열었다. 1924년 BMW 엔진을 장착한 비행기가 최초로 유럽에서 페르시아까지 날아가기도 했으며, 1943년에는 제트 엔진을 만들기도 했다. 제2차 세계 대전에서 패한 뒤 뮌헨의 BMW 공장은 폐허가 되었고, 연합군은 3년 동안 생산을 금지시켰다. 그러나 다시 문을 연 BMW는 피나는 노력 끝에 오토바이와 자동차로 재기하는 데 성공했다.

¹뮌헨 공항에서 본 BMW 자동차 광고물. BMW의 하늘색은 뮌헨의 하늘을 의미한다. ²BMW에서 만드는 소형 자동차 미니(MINI) 전시장

　뮌헨 올림픽 센터 역 주변. BMW 본사와 박물관이 있는 이곳은 한마디로 BMW의 과거이자 현재다. 2007년 10월에 개장한 BMW 벨트는 무려 10억 유로가 투자된 건물로, 독특한 디자인 때문에 멀리서 보아도 한눈에 들어왔다. 눈에 탁! 들어오는 날렵한 곡선 모양의 건물은 마치 상징 탑처럼 보였고, 다리로 연결된 전시관도 근사했다. 대형 유리와 강철로 덮인 건물을 보다 보면 미래의 어느 도시에 와 있는 듯한 착각에 빠지기 십상이다!

　BMW 박물관은 2008년 6월에 다시 개장할 예정이라며, 우리가 갔을 때

<sup>1</sup>BMW 벨트 전경  <sup>2</sup>BMW 벨트의 내부 모습  <sup>3</sup>전시된 최신 자동차를 살펴보고 있는 관람객

보수 공사 중이었다. 그래서 우리는 BMW 벨트에 들어가 보기로 했다. 흔히 자동차 전시관라면 자동차를 전시하고 판매하는 일만 할 것 같은데, 천만의 말씀! BMW 벨트는 레스토랑, 바, 콘서트 홀, 회견장 등 다양한 공간이 합쳐 진 복합 공간이었다. 레스토랑과 바에서 식사나 음료를 즐기는 사람들이 여럿 보였고, 재즈 콘서트를 비롯, 다양한 음악회까지 정기적으로 열린다고 하니 금상첨화가 따로 없었다. 아이들과 함께 자동차를 구경하러 나온 독일 사람들은 마치 소풍을 나온 듯 즐거운 분위기였다.

자동차를 전시하고 있는 그라운드 층에는 멋진 최신 차의 모델들이 즐비 했는데, 요즘 BMW가 역점을 두고 개발하는 수소 연료 전지 자동차들도 있었다. 수소 연료 전지는 수소와 산소를 반응시켜 얻는 전기와 열을 가지고 자동차를 움직인다. 우리가 사용하는 건전지와 같은 화학 전지는 한 번 사용하고 버리지만, 수소 연료 전지는 수소가 공급되면 계속해서 쓸 수 있어 화석 연료를 대체할 수 있는 미래 에너지로 각광을 받고 있다.

BMW를 비롯한 여러 자동차 회사들은 이 에너지로 굴러다니는 자동차를 개발하기 위해 전력을 쏟고 있다. 그러나 아직까지 연료 전지용 수소는 대부분 천연가스를 분해해서 생산하기 때문에, 이때 나오는 이산화탄소 역시 지구 온난화를 초래한다. 따라서 수소를 공급하는 다른 방법을 연구하고 있다고 한다. 반영구적인 에너지 장치도 중요하지만 환경 오염을 줄이는 일은 그것 이상으로 중요하기 때문이다.

워낙 가격이 비싸서 사는 건 고사하고 타 보기도 힘들었던 BMW 자동차. 그것도 최신 모델을 눈으로나마 실컷 구경하고 독일의 자동차 문화를 직접 체험할 수 있어서 BMW 벨트의 방문은 즐거운 시간이었다. 가장 큰 매력은 역시 입장료가 공짜라는 거!

BMW 벨트 찾아가기

| 주 소 ▶ Am Spiridon-Louis-Ring |
| --- |
| 교 통 편 ▶ U반 : 3호선을 타고 Olympiazentrum 역이나 Petuelring 역에서 하차 |
| 입 장 료 ▶ 없음 |

mathematikum

Gießen
Mathematikum

## 06

## 수학아, 놀자!
# 기센 수학 박물관

한샘: 빨리 안 들어오고 뭐 해요?

"인간의 어떠한 탐구도 수학적으로 보일 수 없다면 참된 과학이라 부를 수 없다."
레오나르도 다빈치

:: **관련 단원** 중학교 과학 1 빛   고등학교 물리 1 파동과 입자
고등학교 화학 1 주변의 물질

# 신나는 수학 놀이터

"유빈아, 너 어렸을 때 '수학 체험전'에 갔던 일 기억하니?"

"아뇨, 그게 뭔데요?"

이럴 수가! 내 머릿속엔 그때 너무나도 즐거워하던 딸 유빈이의 모습이 생생한데 기억을 못하다니……. 하긴 지금 초등학생인 유빈이가 다섯 살이던 2005년의 일이니 그럴 수도 있겠지. 그래서 질문을 살짝 바꿔봤다.

"그럼 유령 퍼즐은? 낙하산 탔던 건? 비누 거품을 만들면서 놀았던 건 기억나?"

"아! 그건 당연히 기억하죠. 그때 진짜 재미있었는데……."

'수학 체험전'이라고 할 때는 전혀 모르겠다는 표정의 유빈이가 그때 체험한 내용을 이야기하자 금세 얼굴이 환해졌다. '수학아, 놀자'라는 이름의 수학 체험전을 관람하기 위해 서울 어린이 회관을 찾았던 것은 그 전시회가 처음 열렸던 2005년이었다. 지금도 해마다 열리고 있지만, 그 전시회는 나에게 강한 인상을 심어 주었다. 단순한 수학 전시회를 넘어 수학을 통해서 과학을 살펴볼 수 있었기 때문이다.

바로 그 전시회에서 보았던 전시물들의 고향이 이곳 독일에 있었다. 기센이라는 도시에 자리한 수학 박물관이 그곳. 2005년의 추억 때문이었을까? 이번 여행의 목적지를 독일로 정했을 때, 나는 기센에 꼭 가겠다고 생각했다.

수학 박물관이 있는 기센은 프랑크푸르트에서 기차로 40여 분가량 걸린다. 기센에는 수학 박물관뿐 아니라, 불과 50m 정도 떨어진 곳에 한샘이 무척이나 가 보고 싶어 했던 리비히 박물관도 있었다. 한 도시에 가 보고 싶은 두 곳이 사이좋게 모여 있다니, 이런 게 바로 꿩 먹고 알 먹고 아닌가!

우리는 아침 일찍 기차를 타고 기센 중앙역에 도착했다. 그리고 역에서 불과 150m 정도 떨어진 곳에서 귀여운 글씨체로 'mathematikim'이라고 적힌 예쁜 건물을 보았다.

독일에 이런 건물이? 다소 딱딱해 보이는 독일 건물들 틈에서 깔끔하고 예쁜 모양새를 자랑하는 수학 박물관은 단연 돋보였다. 전시장으로 들어가는 내내 "예쁘다!"는 감탄사가 끊이지 않았다. 뛰다가 넘어져도 아프지 않을 것만 같은 황토색 나무 바닥에, 숫자와 관련된 다양한 액자

1 예쁜 갤러리처럼 꾸며진 복도 2 수학 박물관에 웬 미술 작품일까? 복도를 수놓은 숫자와 관련된 예쁜 전시물들 3 수학의 여러 가지 그래프 모양을 이용한 계단의 손잡이. 소소한 것 하나하나까지 마치 수학을 이용한 예술 작품 같다.

3.141592……. π의 값은 얼마일까? 끊임없이 둥글게 이어지는 π의 값이 벽면을 가득 메운 모습은 마치 하나의 미술 작품을 방불케 한다.

들이 걸린 베이지색의 깔끔한 벽. 마치 예쁜 갤러리 같기도 한 내부는 박물관이라는 이름을 무색하게 했다. 일반적인 박물관처럼 수학과 관련된 역사적인 전시물들을 볼 수 있을 것이라고 생각하면 큰 오산. 그곳은 한마디로 신나고 짜릿한 놀이터였다. 수학과 친구가 되어 어울려 노는 놀이터.

리비히 박물관을 관람하기 전 살짝 구경만 하려고 했던 한샘의 계획은 전면 수정될 수밖에 없었다. 우리는 결국 두 시간이 넘게 그 놀이터를 누비며 수학과 뛰놀았다.

# 수학을 머리로 한다고? 우리는 손으로 한다!

수학이 골치 아프고 재미없다고? 이곳에서는 천만의 말씀. 손으로 하나씩 풀어 나가는 퍼즐 형식의 수학은 공부가 아니라 놀이 그 자체였다.

기센 수학 박물관에서 추구하는 것은 바로 '체험'. 이곳에서 수학은 머리로 계산하는 것이 아니었다. 손으로 조작하면서 원리를 깨닫게 하는 것. 무려 100가지가 넘는 체험 전시물 속에서 아이들은 놀이동산에 온 것보다 더 신나는 모습이었다.

1층에 마련된 다양한 퍼즐들은 관람객을 그냥 보내 주지 않는다. 나 역시 한두 가지를 해 보았는데, 이게 생각보다 만만하지 않았다. 특히 '하노이 탑'이라는 유명한 퍼즐은 예전에 해 보았던 것이라 우습게 보았다가 진땀을 뺐다. 내 승부욕을 자극한다 이거지? 아이들 속에 섞여 해

결되지 않는 퍼즐 앞에서 끙끙거리고 있는데, 보다 못한 한샘이 다른 곳으로 가자며 나를 끌어당겼다. 은근히 다행이다 싶으면서도 나는 짐짓 큰 소리로 아쉬워했다.

"아! 한샘만 아니었으면 해결할 수 있었는데!!"

기센 수학 박물관의 관람객 대부분은 역시 어린아이들. 그리고 아이들의 관심을 한 몸에 받은 곳은 비눗방울 체험을 할 수 있는 전시관이었다. 특히 거대한 비누막 속에 들어가기 위해서는 길게 줄을 서서 기다려

## 하노이 탑의 전설

힌두 교와 불교, 시크 교, 자이나 교의 최대 성지인 인도 바라나시에는 하노이 탑의 전설이 전해 내려온다. 세상의 중심에 있는 큰 사원에는 높이 50cm의 다이아몬드 막대가 3개 있는데, 어느 날 신이 그중 한 막대에 점차 작은 원반이 위로 오게 꽂혀 있던 64개의 황금 원판을 다른 쪽으로 옮기라고 명령하였다. 단, 한 번에 한 개씩 옮겨야 하며, 작은 원판 위에 큰 원판을 옮겨 놓으면 안 된다는 조건이 있었

기센 수학 박물관에 있는 하노이 탑 옮기기. 하노이 탑 전설과는 반대로 작은 원판 위에 두꺼운 원판이 놓인다. 모두 5개의 원판을 옮기기 위해서는 최소한 $2^5-1=31$번 이동시켜야 한다.

다. 그런 식으로 64개의 원판을 다른 막대에 모두 옮겨 놓으면 열반의 경지에 오를 수 있다는 것이다.

이 원칙에 따라 원판을 다 옮기려면 과연 몇 번이나 이동을 해야 할까? n개의 원판으로 되어 있는 하노이 탑을 옮기는 데는 최소 $2^n-1$회가 걸린다. 원판이 64개라면 $2^{64}-1$회로 18,446,744,073,709,551,615번. 이것을 1초에 1번씩 옮긴다고 가정하면 584,942,417, 355,107, 즉 5849억 년이나 걸린다. 실로 어마어마한 시간이다.

[1] 보기만 해도 저절로 손이 가는 다양한 퍼즐 놀이 [2] 퍼즐 놀이에 한 번 손을 대면 시간 가는 줄 모른다. 이샘 머리 위의 물음표가 의미심장해 보인다. [3] 모든 불을 밝혀라! 버튼을 누르면 좌측과 우측을 포함하여 3개의 불의 켜진 상태가 바뀐다. 꺼진 불은 켜지고, 켜진 것은 꺼지는 것. 모든 곳에 불이 들어오게 하면 성공이다. 사진은 성공하기 바로 전 단계. 이 버튼을 누르는 순간, 꺼져 있던 3개의 불이 켜지면서 7개로 된 모든 불이 다 켜지게 된다. [4] 도형으로 알 수 있는 수학. 맨 아래 테이블부터 시계 반대 방향으로 '조각을 이용해서 원의 넓이 알아보기' '실을 이용하여 원과 타원 이해하기' '원판으로 파이($\pi$)값 알아내기' 등의 실험을 할 수 있는 도구들이다.

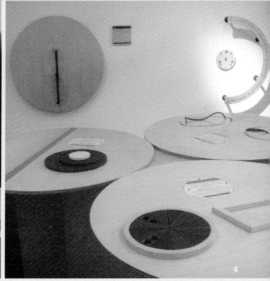

야 했다. 다양한 모양의 뜰채를 이용하여 비누막으로 정육면체, 정사면체 등을 직접 만들어 볼 수 있는 곳도 북적대긴 마찬가지. 도형 학습을 비눗방울 놀이로 하는 것이다.

비눗방울에는 수학의 비밀이 많이 숨어 있다. 그중 하나가 각도의 비밀. 비눗방울들이 거품을 이루며 서로 겹쳐 있을 때, 그 경계면의 각도는 120°이다. 이 120° 구조에는 이유가 있다. 일정한 부피를 감싸는 곡면 중에서 가장 작은 넓이로 가장 튼튼한 구조를 이루려는 성질 때문이다. 더욱 재미있는 것은 이것이 벌집이나 잠자리 날개의 구조와도 같다는 사실. 1972년에 만들어진 뮌헨 올림픽 경기장의 지붕도 이러한 비누막을 본뜬 것이라고 한다.

비누막은 항상 최소 면적이 되도록 만들어진다. 같은 부피를 에워싸는 곡면 중에서 면적이 가장 작은 형태가 바로 '구'인데, 비눗방울도 이러한 성질을 갖고 있다. 비누막은 철사로 틀을 만들면 그 틀에 꼭 맞는

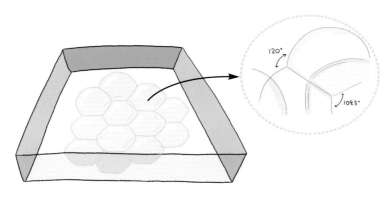

비눗방울 거품의 각도

<sup>1</sup>아이들에게 인기 만점인 비누막 속에 들어가는 체험 <sup>2</sup>다양한 틀을 이용하여 여러 가지 모양의 비눗방울을 만들 수 있다.

최소 면적을 형성한다. 이것을 수학적으로 증명하려는 문제를 '플래토 문제'라고 부른다. 플래토라는 물리학자가 1847년에 만든 이 문제는 1930년이 되어서야 해결되었는데, 이를 해결한 미국인 수학자 더글러스는 그 공로로 수학계의 노벨상인 필즈상의 첫 수상자가 되었다.

아이들과 함께 비누막과 비눗방울을 만들며 놀다 보니 문득 궁금한 것이 생겼다.

"한샘, 과학 수업에서도 비누막이나 비눗방울로 다양한 활동을 하잖아요. 과학과 관련된 실험에는 어떤 게 있나요?"

"전 수업 시간에 가장 오랫동안 터지지 않고 비누막이 유지되도록 하는 조건을 찾는 실험을 해 봤어요. 여러 가지 종류의 세제와 글리세린,

그리고 다양한 액체들을 조합하면서 최적화된 상태를 찾는 것이죠."

화학 선생님인 한샘이 비눗방울에 대한 설명을 덧붙이며 어깨에 힘을 주었다.

"비눗방울이 동그란 이유는 비눗물 분자들이 서로 잡아당기는 표면 장력으로 가장 적은 면적을 유지하기 때문이에요. 물은 표면 장력이 너무 커서 방울이 커지기 힘들 뿐 아니라, 빨리 증발하기 때문에 물방울이 만들어지는 것 자체가 어렵거든요. 그런데 물에 비누가 섞이면 비누 분자의 한쪽 끝이 물 분자 사이를 비집고 들어가서 물 분자와 결합하여 물 분자 사이가 멀어지기 때문에 결국 표면 장력이 줄어들고, 비눗방울이 만들어지는 것이죠. 여기에 글리세린을 넣으면 물의 증발을 막아 비눗방울을 잘 터지지 않고 크게 만들 수 있어요."

한편 비누막에는 물리적인 내용도 많이 숨어 있다. 가장 대표적인 것이 비누막에서 볼 수 있는 무지갯빛이다. 이것은 빛의 간섭 때문에 생기는 현상인데, 비오는 날 물 위에 떠 있는 기름에서 볼 수 있는 무지갯빛도 같은 원리이다.

비누막 전시관 옆과 2층 곳곳에는 거울을 이용한 전시물들이 유독 많았다. 거울이라면 물리학의 광학에서 가장 많이 나오기 때문에 자신 있었다. 퍼즐 체험에서의 약한 모습을 만회할 절호의 기회가 온 것이다. 그때의 내 모습은 '물 만난 고기'라고 해도 과언이 아니었다. 나는 한샘과 독일 아이들 앞에서 단 한 번의 시행착오도 없이, 거울과 관련된 전시물을 직접 시연하고 설명했다. 그중에서 가장 인기 있었던 것은 거울

¹세 면이 거울로 된 곳에서는 반사 때문에 무수히 많은 나를 볼 수 있다. ²오각뿔 형태의 거울에 얼굴을 넣으면 위, 아래, 오른쪽, 왼쪽에서 보는 모습을 한꺼번에 볼 수 있다. ³하늘을 나는 마술. 거울의 반사를 이용하면 쉽게 연출할 수 있다.

의 반사를 이용한 날아오르기! 나의 반쪽 연기가 너무 리얼했던 것일까? 한쪽 팔다리를 사용하여 마치 날아오르는 것처럼 보이게 하는 그 시연을 보고 많은 독일 아이들이 따라 하면서 무척 즐거워했다.


## 쌀 한 알로 벼락부자 되기


아주 먼 옛날, 하인들에게 품삯을 주지도 않고 내쫓을 만큼 악명 높은 구두쇠가 있었다. 어느 날 한 수학자가 그 구두쇠를 찾아가 이런 제안을 했다.

"제가 하인으로 일을 할 테니까 품삯으로 첫날에는 쌀 한 알, 둘째 날에는 두 알, 셋째 날에는 네 알을 주세요. 그리고 그다음 날부터는 쌀알을 전날의 두 배씩 주세요."

구두쇠는 그 수학자를 바보라고 생각하고 그의 제안을 흔쾌히 허락했다. '쌀 몇 알쯤이야.'라고 생각한 그는 하인을 거저 부려 먹는다는 생각에 뛸 듯이 기뻤다. 그런데 보름이 지나고 20일이 넘자 구두쇠의 얼굴에 웃음이 사라지기 시작했다. 23일째가 되면 하루 품삯이 쌀 한 가마가 넘고, 바로 다음 날부터는 두 가마니, 네 가마니로 늘어날 판이었던 것이다. 구두쇠는 그제서야 심각성을 깨닫고 용서를 빌었다. 이렇게 해서 수학자는 구두쇠로부터 하인들의 밀린 품삯을 모두 받아 주었다.

이 이야기는 기하급수와 관련이 있다. 박물관에는 이 이야기 속에 나오는 쌀알이 어떻게 늘어나는지 한눈에 볼 수 있는 전시물도 있었다. 그곳에서는 처음에 쌀 한 톨이었던 것이 2배씩 늘어나면서 점차 많아지다가 $2^{16}$이 되자 전시물 속에 쌀알이 가득 차 버려 그다음부터는 장난감 모형으로 대체되었다. $2^{29}$에는 큰 버스 한 대가 놓일 정도. 그 수학자가 한 달만 일했으면 하루에 버스 한 대만큼의 쌀을 받을 수 있었다는 것. 절로 웃음이 났다. 그러다 $2^{54}$이 되자 세계에서 매년 생산하는 쌀의 전체 수확량인 4억 5천만 t이 되었다. '기하급수로 증가한다'라는 말을 눈으로 확인하는 순간이었다.

그것을 보고 있는데 문득, 종이접기 문제가 생각났다. A4 용지 한 장을 절반씩 계속 접으면 몇 번 정도 접을 수 있을까? 대부분 15번에서 30번까지는 접을 수 있다고 대답한다. 그러나 실제 접어 보면 상황은 다르다. 겨우 7~8번 정도밖에 접지 못하는 것이다. 이것도 역시 기하급수와 관련되어 있다.

$$23日 = 2^{22} = 4,194,304\,일$$

1 기하급수의 의미를 한눈에 볼 수 있는 전시물
2 첫날에는 쌀 한 톨이었던 것이 2주가 지나자
큰 비커 하나로 가득 찼다. 이런 식으로 증가하
다가 23일째가 되면 한 가마니가 넘게 된다.

종이접기를 반복하면 두께는 2배씩 증가하게 된다. 만약 10번을 접었
다고 하면 처음 두께의 배인 1024배가 된다. 종이의 두께가 0.1mm라고
하면 10번 접은 종이의 두께는 무려 10cm가 되는 것. 10번 접는 것도 거
의 불가능한 일이다.

## 롱다리와 숏다리

함수와 도형 관련 전시물들이 많은 2층에서 가장 재미있던 것은 바로
내 몸의 황금 비율을 알아보는 체험이었다. 학생들이 벽에 붙은 자로 키

를 재며 깔깔거리고 있는 곳으로 가 보니, 단순히 키만 재는 것이 아니었다. 자의 가운데에 막대가 하나 더 붙어 있었던 것. 그것은 배꼽의 높이를 측정하는 것이었다. 배꼽의 높이는 왜? 그것은 바로 키와 배꼽까지의 높이인 하반신 길이 간의 비율이 황금 비율에 해당하는지 확인해 보는 것이었다. 즉 '키 : 하반신 길이'가 '1 : 0.62'가 되는지 측정하는 것이다.

그런데 이럴 수가! 내 키와 배꼽의 위치를 그래프에서 찾아보았더니 황금 비율을 이루는 선을 비껴나 있었다. 내 배꼽의 위치에 맞으려면 178cm인 내 키가 무려 10cm 정도는 작아야 했다. 결국 난 키에 비해서

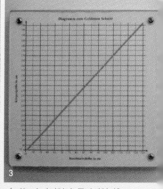

1 나는 숏다리일까, 롱다리일까? 황금 비율을 확인해 보기 위해서 배꼽의 위치를 측정하고 있다. 2 우리 몸의 황금 비율을 잘 보여 주는 레오나르도 다빈치의 인체 비례상 3 키와 배꼽의 높이를 이용해서 황금 비율을 맞추어 보는 그래프

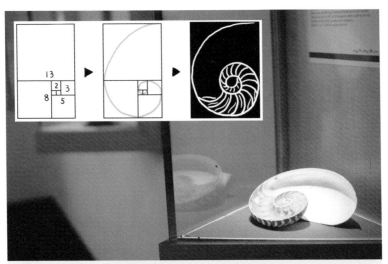

피보나치 수열을 따르는 많은 생물들이 전시되어 있다. 앵무조개 껍데기에 나타난 나선 형태도 피보나치 수열을 따른다. 앵무조개 껍데기로 직사각형을 그린 다음, 그 안에 계속 정사각형을 그려 보자. 그 후 정사각형 안에 1/4 크기의 원을 계속 그리면 앵무조개 껍데기의 모양이 된다. 이때 연속된 정사각형의 길이가 피보나치 수열을 따른다.

하체가 짧은 숏다리라는 결론을 내릴 수밖에 없었다. 나름대로 다리가 길다고 자부했는데……. 그 충격은 꽤 컸다. 그나마 다행인 것은 한샘도 키가 145cm 정도가 되어야 황금 비율을 이루는 숏다리였다는 사실! 우리 둘은 황금 비율이 서양인을 기준으로 만들어진 것이라며 서로를 위로했다.

　황금 비율은 고대 그리스의 수학자인 피타고라스에 의해서 처음 발견되었다. 두 수의 비율이 1.62 또는 0.62일 때 황금 비율이라고 하는데, 이 비율을 따르는 구조물이 가장 아름답고 조화롭게 보인다는 것. 피라미드나 고대 그리스의 많은 조각, 회화, 건축물도 이 비율을 이루고

# 피보나치 수열

이탈리아의 수학자인 레오나르도 피보나치는 재미있는 수열을 만들어 냈다.

$$1, 1, 2, 3, 5, 8, 13, 21, 34, 55, 89, \cdots\cdots$$

앞에 있는 두 수를 더하면 다음의 수가 만들어지는 것이다. 이것을 피보나치 수열이라고 한다.

자연에는 피보나치 수열과 관련된 것이 많다. 가장 대표적인 것이 식물의 잎이 돋는 차례이다. 식물은 햇빛을 많이 받아야 광합성을 통해서 양분을 많이 만들 수 있다.

그래서 모든 잎이 골고루 햇빛을 받기 위해서는 위쪽에 나는 잎이 아래쪽의 잎을 가리지 말아야 한다. 이것을 가능하게 하는 방법이 피보나치 수열과 관련되어 있다.

줄기를 따라 올라가면서 돋는 잎은 한쪽 방향으로 치우쳐 있지 않고 계속 방향이 바뀐다. 참나무와 벚꽃나무의 잎은 줄기를 2번 회전하면서 한 줄기에 5개의 잎이 돋고, 버드나무나 장미는 3번 회전하면서 8개의 잎이 돋는다.

즉 버드나무는 위쪽에 돋은 잎이 바로 밑에 돋은 잎보다 135°만큼 돌아간 것이다. 이런 식으로 밑에서 순서대로 8개의 잎을 따라가면 줄기를 세 번 돌아가게 된다.

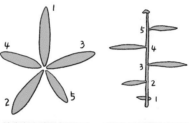

위에서 본 벚꽃나무의 잎    옆에서 본 벚꽃나무의 잎

위에서 본 버드나무의 잎    옆에서 본 버드나무의 잎

벚꽃나무나 버드나무는 피보나치 수열에 맞추어 잎이 난다.

있다. 또한 위에서 말한 배꼽의 위치는 물론, 어깨가 배꼽 위의 상반신을, 무릎이 하반신을, 코가 어깨 위의 부분을 각각 황금 분할할 때 사람이 가장 아름답다고 한다.

황금 비율이 특히 잘 드러나는 것이 바로 피보나치 수열이다. 숏다리라는 사실을 확인하고 쓸쓸하게 뒤를 돌아섰을 때, 우리는 피보나치 수열에 대한 설명과 함께 자연에서 발견되는 다양한 피보나치 수열의 전시물을 볼 수 있었다.

피보나치 수열에서 인접한 두 수의 비율을 찾아보면 재미있는 숫자가 나온다. 즉 $2/1, 3/2, 5/3, 8/5, 13/8$……, 이런 식으로 계속 계산해 가면 점차 황금 비율에 가까워지는 것을 알 수 있다.


## 책상 너머의 공부를 꿈꾸다


3층에는 넓은 다락방이 마련되어 있었다. 그곳은 높은 천장에 달린 창문으로 햇살이 들어와 안락한 분위기를 자아냈다. 또한 시골 통나무 집처럼 느껴지는 마룻바닥은 마구 뛰고 싶은 충동을 불러일으켰다.

그곳 역시 수학 전시장이었다. 다채롭게 배치된 여러 가지 주제의 전시물들을 자유롭게 즐길 수 있는 곳이었다. 특히 사람의 움직임을 인식하여 시간에 따른 속력을 그래프로 나타내는 전시물은 재미있는 체험이었다. 약 4m 정도의 레드 카펫 위에서 걷거나 뛰면, 운동 센서가 자동

3층은 통나무집의 다락방 같은 따뜻한 느낌을 주는 또 하나의 놀이터였다.

으로 감지하여 그 빠르기가 모니터에 나타난다. 한샘과 나는 등속 운동도 만들고 가속 운동도 만들면서 한참을 뛰어다녔다.

그 밖에도 아치형 다리 만들기, 지구에서 가장 가까운 경로 찾기, 착시 현상, 다양한 퀴즈 등 놀면서 배울 수 있는 여러 가지 체험은 우리의 눈과 귀보다 손과 발을 바쁘게 만들었다. 우리가 바쁜 손발을 멈추고 두 눈을 반짝인 것은 작은 유리병 때문이었다.

"한샘, 여기 재미있는 병이 있어요. 이 병 이름이 클라인 병이죠?"

클라인 병은 입체로 만들어진 뫼비우스의 띠라고 할 수 있다. 독일의 수학자 클라인이 만든 병으로, 안과 밖의 구분이 없어 3차원을 넘어서는 4차원적인 모양이다. 뫼비우스의 띠는 기계의 벨트에 쓰이고 있지만

1, 2 운동 센서를 이용해서 나의 운동 상태(속력)를 모니
터로 확인할 수 있다. 3 제일 가까운 경로 찾기! 사실 지
구는 구이기 때문에 지도에서 가장 가까운 경로를 보면
휘어져 있다. 4 클라인 병. 어디가 안이고 어디가 밖인
가? 5 뫼비우스의 띠. 띠를 감을 때 한 번 꼬아 붙이면
안과 밖의 구별이 없는 뫼비우스의 띠가 만들어진다.

5

이 병의 쓰임은 아직 알려진 것이 없다. 이것을 어디에 쓸 수 있을까? 안도 밖도 없는데 병이라고 부를 수 있는 걸까?

　수학 박물관 마테마티쿰을 나서면서, 우리가 지금껏 수학이 재미없다고 느낀 이유는 공식을 달달 외워서 책상 앞에 앉아 머리에 쥐 나도록 문제를 푸는 식의 재미없는 방법 때문일지도 모른다는 생각이 들었다.

　학생들이 어렵게 느끼는 것은 과학도 마찬가지. 그러나 많은 과학관을 둘러보면서 매번 느끼는 건, 과학이 우리의 삶과 밀접하게 관련되어 있다는 것이다. 삶의 비밀을 하나씩 알아가듯 과학이 학생들에게 재미있고 가깝게 다가갔으면 좋겠다. 그러한 방법을 제시해 주는 것이 바로 우리의 몫일 터. 새삼 어깨가 무거워진다. **이샘**

기센 수학 박물관 찾아가기

**홈 페 이 지** ▶ http://www.mathematicum.de/
**주 　 소** ▶ Liebigstraße 8 D-35390 Gießen
**교 통 편** ▶ 기센 중앙역 출구로 나와 왼쪽 방향으로 150m 정도
**개관 시간** ▶ (월~금) 9:00~18:00, (목) 9:00~20:00, (주말, 휴일) 10:00~19:00
**입 장 료** ▶ 일반 6유로, 학생 4유로

## 근대 화학 교육의 산실
# 리비히 박물관

　독일의 작은 도시 기센에 자리한 리비히 박물관은 기센 중앙역에서 걸어서 5분 정도면 갈 수 있는 가까운 거리. 수학 박물관에서 모퉁이만 돌면 만날 수 있다. 고풍스러운 입구를 거쳐 안으로 들어가니 리비히의 실험실과 사무실, 강의실이 옛 모습 그대로 재현되어 있었다. 리비히는 유기 화학이라는 학문을 창시한 위대한 화학자. 1824년부터 1852년까지 28년간 기센 대학의 교수로 재직하면서 제자를 키워 독일 과학을 부흥시킨 장본인 가운데 하나다.

　그 당시 다른 대학 교수들은 강의실에서 강의만 하는 것이 일반적이었는데, 리비히는 역사상 처음으로 현대적인 실험 기구를 갖춘 실험실을 대학에 차려 놓고 실습을 시켰다. 그 결과는 엄청났다. 실험실을 거쳐 간 제자 중 노벨상 수상자만 무려 40여 명! 이처럼 리비히의 실험실이 미래의 화학자를 키우는 산실로 유명해지자 다른 대학에서도 리비히의 모델을 따라하게 된다.

　'지금은 화학을 배우면서 실험을 하지 않는다는 것을 상상할 수 없는데, 실제로 대학에서 실험 교육을 시킨 최초의 모델이 바로 이곳, 리비히 실험실이라니…….'

1 리비히 박물관 입구 2 리비히 박물관의 첫 실험실

　과학 교사로서 감회가 새로웠다.

　박물관의 자료를 보니 분젠 버너를 만든 분젠, 벤젠 구조를 최초로 규명한 케큘레, 알데히드를 검출하는 데 쓰이는 펠링 반응을 알아낸 펠링, 분자 모형을 최초로 도입한 호프만, 실험실에서 흔히 쓰이는 기구인 플라스크를 만든 엘렌마이어 등 화학 책에 나오는 낯익은 이름이 다들 그의 제자란다.

　당시를 재현해서 그린 그림처럼, 젊고 유능한 제자들로 북적였을 분석 화학실을 상상하며 둘러보고 있는데, 실험대의 실험 장치 위에 엉뚱하게 맥주잔이 보였다.

　"저것도 혹시 그 당시를 재현하는 소품인가요?"

　"설마……."

　이샘과 함께 의아해 하고 있는데 그곳 직원으로 보이는 분이 오시더니, 그것은 리비히의 것이 아니라 자신의 것이라며 눈을 찡긋했다. 그러고는 옆의 강의실로 가지고 들어가시는 게 아닌가. 그때의 민망함이란…….

　　리비히의 업적을 소개하는 방에서는 '최소량의 법칙'을 설명하는 코너가 눈에 띄었다. '최소량의 법칙'은 식물이 생장하는 데 필요한 여러 가지 영양분 중 하나가 부족하면 다른 것이 아무리 많아도 식물이 제대로 자랄 수 없다는 것을 설명한 것이다. 리비히는 각각의 영양소를 나타내는 여러 개의 나무 조각으로 이루어진 물동이를 예로 들어, 하나의 조각이 부러지면 물동이 안의 물이 그쪽으로 다 새 나가는 원리로 '최소량의 법칙'을 쉽게 설명하였다.

　　박물관을 나서서 현대식 건물로 새롭게 지어진 기센 대학 쪽으로 발걸음을 옮겼다. 기센 대학의 정식 이름은 '유스투스 리비히 기센 대학'이다. 리비히 탄생 200주년이었던 2003년에는 기센 시와 대학에서 대대적인 기념 행사가 열렸다고 한다. 기센 대학의 총장인 호르무스 박사는 "무엇보다도 리비히는 화학 지식과 그것의 응용을 시도한 학자였다는 데 의미가 있다. 그는 교육과 연구를 겸비한 교수의 모델이었으며 대학 개혁과 과학 대중화에도 앞장선 선각자였다."고 리비히를 평가하기도 했다. 학생

¹ 최소량의 법칙을 설명하는 전시물 ² 리비히 냉각기. 그의 이름을 딴 '리비히 냉각기'는 증류할 때 기체가 된 액체를 식히기 위해 쓰이는 것인데, 그가 직접 만든 것은 아니고 널리 보급시킨 것이다. ³ 리비히의 사무실. 그는 이 책상에서 《농업 화학》, 《동물 화학》 등의 책을 썼다. ⁴ 최소량의 법칙에 관한 포스터

 리비히 박물관 찾아가기

**홈페이지** ▶ www.liebig-museum.de

**주    소** ▶ Liebig-Museum Liebigstr. 12 35390 Gießen

**교 통 편** ▶ 기센 중앙역에서 왼쪽으로 5분 정도 걷다가 모퉁이를 돌면 보인다.

**개관 시간** ▶ 10:00~4:00

**휴 무 일** ▶ 매주 월요일

**입 장 료** ▶ 일반 3유로, 학생 2유로

07

맥주는 과학이다
# 독일 맥주 이야기

내가 독일에 온
이유? 바로
이 컵에 담겨 있어!

"맥주를 마시는 것은 좋은 식사를 하는 것과 같다."
독일 속담

:: **관련 단원** 중학교 과학 2 자극과 반응   고등학교 과학 물질
고등학교 생물 1 자극과 반응   고등학교 생물 2 물질대사

# 우리가 독일에 온 진짜 이유?

여행을 할 때면 항상 걱정이 되는 게 한 가지 있다. 바로 음식이다. 요즘은 우리나라 식탁도 많이 서구화되었지만, 지역적 특색이 지나치게 강한 음식은 여전히 부담스러운 게 사실. 하지만 다행히(?) 나는 가리는 음식이 없다. 그래도 맛있는 건 안다! 맛있는 음식에 대해 유혹을 느끼는 것은 인지상정이니까. 그렇다면 독일에서 가장 맛있는 음식은? 당연히 맥주지! 독일 맥주 중에서도 특히 뮌헨 맥주가 유명하다. 그래서 나는 뮌헨 생각만 하면 가슴이 설레곤 했다. 심지어 빈샘은 맥주를 좋아하는 사람을 위해 여행 가방에 가득 채워 가겠다고까지 했다. 그런데 빈샘의 가방은 이미 다른 짐들로 꽉 차 있었다.

"아니, 빈샘. 가방이 꽉 찼는데 맥주를 어디다 넣어 가려고요?"

"옷을 많이 가져왔는데, 이거 버리고 맥주 넣으면 돼요."

한 치의 망설임도 없이 답을 하는 빈샘.

'아하, 그런 방법도 있었구나. 그렇다면 나는 어떻게 하지?'

잠시의 고민 끝에, 나는 무겁게 들고 가지 말고 뱃속에 다 넣어 가기로 마음먹었다! 어차피 집에 가져가도 내가 다 먹을 텐데……. 한국에 돌아가 또 먹고 싶은 생각이 간절해지면? 어쩔 수 없다. 그땐 다시 올 수밖에!

뮌헨에 도착하자, 막스 플랑크 연구소에 근무하는 유정하 박사가 마중을 나와 있었다. (이분은 한샘 남편의 친구로, 독일에 15년째 살고 있다.) 막스 플랑크 연구소와 뮌헨 공과대학을 안내해 주기로 한 유 박사는 우리를 뮌헨 시내로 먼저 안내했다. 중앙역에서 15분 정도 걷자 마리엔 광장을 중심으로 한 구시가지가 나왔다. 구시가지 입구에는 큰 성문처럼 보이는 칼의 문이 있었다.

"알프스 산맥의 끝자락에 있는 뮌헨은 12세기 중반에 수도사들이 터를 잡고 나서, 100년 뒤 바이에른 공화국의 수도가 되었어요. 그게 약 800년 정도 돼요. 저기 문 위에 사자 모양과, 하늘색과 흰색 마름모가 엇갈려 있는 문양이 장식되어 있는 게 보이시죠? 그것이 바이에른을 상징하는 동물과 문양이에요. 그나저나 뮌헨에 오셨으니 맥주 맛은 보셔야죠?"

그렇지! 나는 유 박사의 마지막 말에 속으로 쾌재를 불렀다.

# 뮌헨의 자존심, 맥주

맥주의 나라답게 마리엔 광장 주변엔 맥줏집이 즐비했다. 유 박사는 뮌헨의 역사와 맥주에 대한 해박한 지식을 하나씩 풀어내기 시작했다.

"뮌헨에는 호프브로이, 뢰벤브로이, 아우구스티너 등과 같이 전국적인 판매망을 가지고 있는 대형 맥주 회사가 있고, 이들이 직영하는 맥줏집도 몇 군데 있어요. 이렇게 큰 매장 말고도 저마다 독특한 맛을 가지고 있는 맥줏집이 많이 있죠."

현재 독일 내에는 약 1300개의 맥주 공장이 있고, 4000종 이상의 맥주가 생산되고 있다. 전 세계 맥주 공장의 1/3이 독일에 있다고 하니 웬만한 마을이나 수도원에는 다 맥주 양조장이 있는 셈이다. 예전에는 수도원에서 맥주를 만들어 판 돈으로 수도원을 운영하기도 했다. 그래서인지 수도원 이름이 붙은 맥주도 의외로 많다.

베를린은 보리 맥주가, 뮌헨은 밀 맥주가 유명하다. 지역별로 원료와 제조 방법이 조금씩 다르기 때문에 저마다 독특한 맛을 낼 수 있는 것이다. 우리는 뮌헨의 밀 맥주를 맛보러 걸음을 재촉했다. 유 박사의 안내를 받아 도착한 곳은 호프브로이하우스. 3층짜리 건물로 1층은 맥주를 마시는 홀, 2층은 레스토랑, 3층은 민속춤 공연장으로 쓰이고 있었다. 한꺼번에 5000명을 수용할 수 있으며, 하루 1만L의 맥주가 소비되는, 세계에서 가장 큰 맥줏집이라고 했다.

입구에 들어서니 한쪽 벽면에는 호프브로이를 상징하는 오크 통의

## 바이에른 속의 뮌헨

바이에른은 독일에서 가장 큰 주로, '야만인이 사는 지역'이라는 뜻이다. 로마 제국 시대에는 이 지역을 야만인이 사는 땅으로 보았기 때문이다. 로마가 멸망하고 세워진 중세의 신성 로마 제국은 봉건 영주들이 각각 자기의 영지를 다스렸다. 바이에른의 역사는 6세기경 봉건 영주였던 바이에른 공작이 이 지역을 다스리면서 시작되었다.

바이에른의 상징

바이에른은 오랜 역사와 함께 풍부한 문화유산과 아름다운 자연환경을 가지고 있다. 알프스 산악 지대와 크고 작은 호수들, 독일 최초의 국립 공원인 바이에른 숲, 도나우 강과 마인 강 및 그 지류들이 흐르는 계곡과 주변의 아름다운 풍경은 이곳에서 결코 빼놓을 수 없는 자랑이다.

독일 최대의 농업 중심지였던 바이에른의 수도 뮌헨은 제2차 세계 대전 이후에는 자동차, 항공기, 전기 및 전자 산업, 보험, 출판 등의 산업을 발전시켰다. 또한, 뮌헨은 막스 플랑크 연구소와 핵 연구용 원자로를 갖춘 학문 연구의 중심지이기도 하며, 1992년에 새롭게 완공된 공항과 함께 국제 교통의 요지로 떠오르고 있다.

뮌헨의 기원은 8세기로 거슬러 올라간다. 베네딕투스 수도회 수도원이 이곳에 터를 잡으면서 그 역사가 시작된 것. 뮌헨이라는 이름의 어원도 수도사라는 뜻의 'monk'에서 비롯되었다.

문양이 장식되어 있었고, 다른 한쪽에는 기념품을 파는 가게가 있었다. 그곳에서는 호프브로이의 로고나 문양이 새겨진 맥주잔을 작게 만든 열쇠고리나 장식품, 엽서, 옷 등을 판매하고 있었다. 그중 가장 독특했던 것은 맥주병과 맥주잔이었다. 옛날 방식으로 만들어진 도자기 제품과 요즘 나오는 유리 제품이 함께 전시 판매되고 있었다.

호프브로이하우스의 옛 모습

　독일에서 맥주잔의 의미는 각별하다. 제법 큰 맥줏집에서는 단골손님의 전용 맥주잔을 따로 보관해 두었다가 그 잔의 주인이 올 때만 꺼내 줄 정도라고. 또한 맥주잔이 맥주를 마시는 사람의 부와 권위를 보여 주는 상징처럼 여겨지는 바람에 독특하고 진귀한 잔이 많이 생산되었다. 유리잔이 만들어지기 전에는 대부분 도자기로 만들어졌으며, 뚜껑이 달려 있는 것도 있었다. 맥주의 찬 맛과 청량감을 살리고 맥주의 꽃인 거품을 오랫동안 유지할 수 있도록 하기 위해서였다.

　밖에서 볼 땐 그다지 커 보이지 않았는데 막상 안으로 들어가자 홀이 꽤나 넓었다. 빈자리 없이 빼곡하게 들어찬 사람들이 1L들이 잔을 들고 왁자하게 떠들어 대는 모습은 여느 술집들과 크게 다르지 않았다.

　"호프브로이하우스가 무슨 뜻이죠?"

　"호프Hof 는 '궁정'을 뜻하고, 브로이Bräu는 '맥주를 만드는 곳', 하우스

¹호프브로이하우스의 천장 ²1층 홀의 모습. 북적이는 사람들로 발 디딜 틈이 없다. ³호프브로이하우스의 문양이 새겨진 오크 통 ⁴유리를 이용하기 전에 사용한 도자기 맥주병과 맥주잔. 판매용이다.

Haus는 집이라는 의미예요. 그러니까 호프브로이하우스Hofbräuhaus는 '궁정 맥주 양조장에서 직영하는 맥줏집' 정도로 해석할 수 있어요."

"나라에서 맥주를 팔았다는 얘기군요."

"독일의 맥주는 처음에 수도원에서만 생산을 했는데, 전문 양조업자들이 생겨나면서 급속히 민간으로 퍼져 나가기 시작했죠. 전문 양조업자들은 독특한 맥주를 만들기 위해 약초 따위를 넣기도 했다고 해요. 더 빨리 취하게 하기 위해 독초를 넣는 경우까지 생기자, 국민들은 그런 첨가물이 인체에 해를 끼치지 않는지 의심하게 되었죠. 그러다 1516년 바이에른 연방의 빌헬름 4세가 맥주에 넣는 각종 첨가물을 일절 금하고 대맥과 홉, 물만으로 빚어야 한다는 '맥주 순수령'을 발표했어요. 그리고 궁

정에서 맥주 판매를 독점해서 주요 수입원으로 삼았지요."

"첨가물이 많이 들어간 술을 먹으면 알코올이 체내에서 잘 분해되지 않아 다음 날 숙취로 고생하고 건강에도 좋지 않은 것 같더라고요. 바이에른 궁정은 두 마리의 토끼를 잡은 셈이네요. 돈도 벌고 국민의 건강도 지키고……."

"그러면 독일 맥주는 지금도 그렇게 순수하게 제조되고 있나요?"

"그렇죠. 그 법령은 여전히 엄격하게 지켜지고 있으니까요. 바로 그것이 독일 맥주를 세계에 알리는 데 결정적인 힘이 되기도 했고요."


## 독일 맥주의 무궁한 발전을 위하여, 건배!

우리는 일단 이곳의 대표적인 맥주를 맛보기로 했다.

"독일 맥주는 처음이니 한 가지씩 골고루 먹어 볼까요?"

한국에서 보통 먹는 맥주와 같은 오리지널Hofbräu Original과 영어로 하면 화이트 비어라고 하는 바이스 비어Weisse bier, 그리고 블랙 비어라고 하는 둔켈Dunkel을 주문했다. 우리도 독일 사람들처럼 1L짜리로. 오리지널은 우리나라에서 흔히 마시는 맥주와 같았고, 바이스 비어는 효모균을 완전히 걸러내지 않아 반투명했다. 바이스 비어는 여성들이 즐기는지 길쭉하고 날렵하게 생긴 잔에 나왔고, 둔켈은 둔탁한 느낌의 흑맥주로 남성적인 느낌을 주었다.

1 1층 홀에서는 악단이 독일 전통 음악을 연주
한다. 2 독일을 대표하는 맥주 삼 형제. 왼쪽
부터 둔켈, 바이스 비어, 오리지널. 3 독일식
돼지 족발 요리 슈바인스학센 4 아가씨들이
바구니에 담아 돌아다니며 파는 프레첼 빵.
엄청 짜다.

여행은 어찌 보면 하루 종일 걷고 타는 일의 연속이다. 긴 하루 일과를 마치고 마시는 맥주의 맛이란! 여러분과 그 맛을 나눌 수 없다는 사실이 그저 안타까울 뿐이다.

실제로 마셔 보니 독일 맥주는 우리나라 맥주보다 알코올 함량이 좀 높은 것 같았다. 무엇보다 목에서 넘어갈 때 톡 쏘는 맛이 일품이었다. 쌉쌀한 뒷맛의 여운 역시 잊을 수 없었다. 다음 날부터 우리는 여느 독일 사람들처럼 점심 식사와 저녁 식사 때 꼬박꼬박 맥주를 주문해 마셨다.

"어허, 시원하다!"

"역시! 맥주의 본고장답게 맛과 향이 뛰어나죠?"

"정말 그래요."

# 술을 마시면 용감해진다고?

'취중진담'이라는 말이 있듯이, 술을 먹으면 용감해진다고들 한다. 알코올은 정말 사람을 흥분시키고 용감하게 만들까? 결론부터 말하면 정답은 'No'다. 일반적으로 알고 있는 것과는 달리 술은 흥분제의 역할을 하지 않는다.

알코올은 뇌의 작용에 직접적인 영향을 미친다. 특히 대뇌는 우리가 의식적으로 하는 활동을 담당하고 있어서 알코올의 섭취 정도에 따라 행동이 달라질 수 있다. 알코올은 카페인과 같은 흥분제와 달리 뇌, 특히 대뇌의 기능을 활발하게 하기보다는 오히려 억제한다. 그 억제 작용은 음주량에 따라 다르게 나타나는데, 어지러운 증상에서부터 흔히 '혀가 꼬인다'고 하는 근육의 조절력 저하로 인한 불명료한 발음, 비틀거리는 걸음걸이, 수면, 몽롱한 상태 등을 느끼게 되는 것이다. 알코올을 과도하게 섭취하면 죽음에 이를 수도 있기 때문에 조심하지 않으면 안 된다.

그런데 왜 술을 먹으면 목소리가 커지면서 평소에 하지 못하던 말을 꺼내게 되는 것일까? 대뇌피질에는 인간에게만 있는 신피질과 다른 동물들에서도 발견되는 구피질이라는 것이 있다. 사람의 행동 가운데 인간적인 활동은 신피질, 동물적인 활동은 구피질에서 담당한다. 그런데 알코올을 섭취하면, 우선 신피질의 기능이 떨어지고, 이어서 구피질의 기능도 억제된다. 말하자면, 평소에는 목소리를 크게 하면 다른 사람들에게 방해가 되므로 적당한 톤으로 이야기해야 한다는 것을 신피질에서 판단하지만, 술이 들어가면 신피질이 제 기능을 하지 못해서 목소리가 점점 커지고, 평소에 잘 드러내지 않던 속마음까지도 내보이게 되는 것이다.

알코올 혈중 농도가 0.05%가 되면 행동에 변화가 나타나기 시작한다. 0.10%에 이르면 소리를 크게 지르고 논지가 흔들리며 몸의 평형을 잃는 등 변화가 한결 더 뚜렷해진다. 그러다 0.20%에 이르면 비틀거리게 되고, 0.30%가 되면 혼자 힘으로 서 있을 수 없게 되며, 0.40% 이내에 다다르면 정신을 잃고 만다.

우리는 독일 맥주 앞에서 약속이라도 한 듯 연달아 감탄사를 내뱉었다. 술이 한잔 들어가자, 처음 만난 유 박사와의 서먹함도 조금씩 사라지는 것 같았다. 유 박사는 안주로 슈바인스학센을 주문했다. 우리나라의 돼지 족발처럼 만든 고기에 감자를 으깨어 둥글게 만든 것을 곁들인 요리였다. 독일의 대표적인 빵 프레첼도 나왔는데 무척 짰다. 빵에 붙은 굵은 소금 때문이었다. 빼곡하게 붙어 있는 소금을 떼어내고 먹느라 약간 고생스러웠다.

"독일은 맥주만큼이나 소시지도 유명하지요?"

"물론이죠. 소시지는 매일 그날 먹을 만큼만 만들어요."

"우리가 흔히 알고 있는 프랑크 소시지가 독일 게 맞나요?"

"맞아요. 프랑크푸르트에서 생산된 소시지에 붙여진 이름이에요."

독일에서 소시지가 유명한 이유는 혹시 맥주에 어울리는 안주이기 때문이 아닐까? 맛있는 맥주를 마시고 있노라니, 모든 음식이 맥주와 맞닿는 느낌이었다.


## 파란만장한 역사의 도시

"바이에른은 루트비히 4세가 통치하던 1805년까지는 제후국에 불과했는데, 1806년 자신의 딸을 나폴레옹의 아들에게 시집 보내고 그 대가로 왕국으로 인정을 받았어요."

맥줏집을 나와 마리엔 광장에서 얼마 떨어져 있지 않은 막스 요제프 광장으로 가는 길에, 우리는 유 박사에게서 바이에른의 역사를 들을 수 있었다. 광장을 지나고 있을 때 마침 바이에른 막시밀리안 1세의 동상이 눈에 띄었다. 광장의 한편에는 1385년 이래 왕궁으로 쓰였던 레지덴츠가 있었는데, 공개된 부분은 모두 박물관으로 이용되고 있었다. 또 국립 오페라 하우스도 보였다.

"바로 이 광장에서 히틀러가 나치를 위한 집회를 시작했지요."

막스 요제프 광장에 도착하자 유 박사가 다시 설명을 이어갔다.

"뮌헨은 히틀러에게 있어 제2의 고향이죠. 나치의 본거지라고도 할 수 있어요. 히틀러는 뮌헨의 지지 세력을 발판으로 1933년 총리가 되었고 이듬해 총통이 되었으니까요."

바로 그런 이유 때문에 제2차 세계 대전 당시 연합군의 공습으로 철저히 파괴되는 아픔을 겪게 되었다고 유 박사는 덧붙였다. 그러나 현재는 당시의 화려한 모습으로 모두 복원되었다.

"항상 약소국으로 분류되던 독일은 북부의 프로이센을 중심으로 1871년 통일이 되었죠. 이때 남부의 바이에른도 중요한 역할을 했고요. 그 후 제1차 세계 대전을 겪으면서 전승국에 막대한 배상금을 물어야 했어요. 항상 강대국에 당하기만 하던 독일 국민들은 독일인의 우월성을 주장하며 전 세계를 정복하겠다고 한 히틀러의 망상에 쉽게 빠져들었던 것 같아요. 아, 또 이곳은 불확정성의 원리로 노벨상을 탄 하이젠베르크가 젊은 시절에 공부한 곳이기도 하죠."

"맞다! 하이젠베르크가 쓴《부분과 전체》에 1920년을 전후해서 제1차 세계 대전 후 시국이 불안정했던 뮌헨의 모습이 묘사돼 있던 것이 기억나요."

뮌헨에서 유명한 것은 비단 맥주만이 아니었다. 독일의 파란만장한 역사, 뿌리 깊은 학문의 중심에 바로 뮌헨이 살아 숨쉬고 있었다.


# 9월에 열리는 10월 축제, 옥토버페스트

"묵고 계신 호텔은 어느 쪽에 있습니까?"

헤어지기 전, 유 박사가 우리의 숙소를 물었다.

"테레지엔비제 역에서 5분 정도 가면 돼요."

"아! 그러면 혹시 옥토버페스트라고 들어 보셨나요?"

"뮌헨에서 열리는 세계적인 맥주 축제 아닌가요?"

"네. 그 옥토버페스트가 매년 열리는 곳이 바로 테레지엔비제예요."

역 바로 앞에 큰 교회가 있는데, 그 교회 뒤쪽에 자리한 넓은 공터가 바로 테레지엔비제이다. 그곳에서 바로 그 유명한 독일의 맥주 축제, 옥토버페스트가 열리는 것이었다. 옥토버페스트는 10월의 축제이지만 지금은 9월에 시작한다고 한다. 우리에겐 추수 감사 축제로 알려져 있지만, 원래는 결혼식을 축하하기 위한 잔치로 시작된 것이라고.

1810년 10월 12일, 바이에른의 황태자 루트비히 왕자가 폰 작센 힐드부르크하우젠가의 테레제 공주를 왕비로 맞아들이는 결혼 축하연이 있었다. 이를 축하하기 위해 뮌헨의 넓은 풀밭에서 기병대는 말 경주를 하고, 백성들은 왕의 천막을 세워 충성과 존경을 표했다. 또한 왕국의 모든 백성들이 저마다 자기 고을에서 만든 맥주를 마차에 싣고 몰려들었다. 왕은 이에 대한 답례로 닷새간 음악제를 곁들인 주민 축제를 열어 주었다. 그 후 테레제 공주를 영원히 기억한다는 의미에서 축하연이 열렸던 장소를 신부의 이름에서 따 '테레지엔비제테레제의 초원이라는 뜻'라고 불렀다. 이 축제 기간에 관광객과 주민들이 마시는 맥주만 자그마치 500만 L가 넘고 소시지도 20만 개가 넘는다고 하니 그 규모를 알 만했다.

그러면 독일인들은 맥주를 어떻게 주문할까? 우리나라처럼 큰 소리로 "여기요!"라고 할까? 그 많은 사람들이 일제히 소리를 지른다면 정신이 하나도 없을 텐데…… 독일의 맥주 주문 방법은 우리나라와 약간 다르다. 목소리 대신 엄지손가락을 높이 세워 신호를 보낸다. 이 방법은 떠들썩한 축제 분위기 속에서 고래고래 소리를 지르는 것보다 훨씬 효과적이다.

평소에 남에게 절대 피해를 주지 않는 독일인들이지만 옥토버페스트 때만큼은 다르다. 엄숙함과 진지함에서 해방되어 자유분방한 상태가 되는 것이다. 마시고, 취하고, 노래 부르는 이 축제가 끝나면 그제야 평소의 모습을 찾는다고 한다.


## 꽃보다 남자? 물보다 맥주!

독일은 말 그대로 맥주 천국이었다. 어딜 가도 '물보다 맥주'였다. 나중에 들른 프랑크푸르트의 한국 식당에서도 맥주를 팔았다. 김치찌개, 된장찌개와 맥주라니. 뭔가 부자연스러웠다. 심지어 괴팅겐 대학, 뮌헨 공과대학의 구내식당에도 맥주가 있었다.

"이 나라 사람들은 물은 안 마셔도 맥주는 꼭 마시는 것 같아요."

어느 식당에 가나 테이블마다 맥주가 올려져 있는 것을 보며 빈샘이 말했다. 거기엔 나름의 이유가 있다. 독일은 토양이 석회암으로 이루어져 있어 탄산칼슘이 많아 지하수를 그냥 마시기가 어렵다. 이곳에서 맥주가 사랑받는 것은 그 때문이다. 중세 때 수도원에서 맥주를 제조하고 판매하면서 대중화된 이후, 독일에서 질 좋은 맥주는 술이라기보다 일종의 음료였다. 그러니 독일이 맥주의 천국이 될 수밖에. 그러나 독일을 여행하는 동안 술에 찌들어 사는 사람은 단 한 번도 보지 못했다. 독일 사람들이 우리나라 사람보다 알코올 분해 능력이 뛰어난 건가? 정확한 이유는 알 수 없지만 여전히 신기한 일이기는 하다.

¹숙소 근처에 있는 성당 뒤쪽의 테레지엔비제. 옥토버페스트의 장소이기도 하다. ²독일 사람들은 맥주를 음료수처럼 마신다.

## 적당하면 약, 지나치면 독!

맥주를 마시면 살이 찐다는데, 진짜 그럴까? 맥주는 93%의 수분과 4% 내외의 알코올, 3.5%의 당질과 단백질, 0.4%의 탄산가스로 구성되어 있다. 그 밖에도 호프, 유기산, 미네랄, 비타민 등도 포함되어 있다. 이처럼 갖가지 영양소가 골고루 들어 있긴 하지만 무엇보다 중심은 물. 생맥주 1L를 섭취하면 약 400cal 정도 된다. 이러한 맥주의 칼로리는 알코올에서 나온다. 그런데 탄수화물의 칼로리와는 달리 맥주의 칼로리는 혈액순환 촉진이나 체온 상승에 이용되기 때문에 체내에는 축적되지 않는다. 맥주만 마신다고 살이 찌는 건 아니라는 얘기! 맥주를 마신 후 식욕이 증가하여 과식하기 때문에 살이 찌는 것이다.

한편 맥주에는 유럽에서 회복기 환자의 식사용으로 이용될 만큼 풍부한 비타민과 미네랄이 들어 있다. 거기에 미량이지만 소화하기 쉬운 단백질까지 함유되어 있어 '액체 빵'으로 불리기도 한다. 또한 맥주의 알코올은 이뇨 작용을 촉진시켜 요로 결석 예방에도 도움이 되며, 맥주의 원료인 호프의 씁쓸한 맛은 위액의 분비를 도와 소화 기능을 활발히 하기 때문에 식욕 증진에도 좋다. 그리고 숙면에 효과를 얻을 수도 있다. 이렇게 여러 모로 훌륭한 식품이지만 한 가지 중요한 사실은 과음은 절대 금물이라는 것.

독일 맥주에서 인상적이었던 것 중 한 가지는 맥주잔에 눈금 표시가 있어서 용량을 정확히 확인할 수 있다는 점이었다. 1L, 0.5L, 0.3L……. 맥주는 주문한 양대로 정확히 채워져 나왔다. 역시 엄격한 독일 사람들다웠다.

"여기는 사람들이 곳곳에서 맥주를 병째 마시네요. 나 같으면 하루 종일 얼굴이 벌건 채로 다니겠어요."

술을 한 잔만 마셔도 얼굴이 붉어지는 이샘이 부러움 반 의아함 반이 섞인 눈빛으로 거리의 사람들을 가리켰다. 놀라운 사실 하나를 말하자면, 독일은 물 보다 맥주 값이 쌌다. 그래서 맥주를 즐겨 마시는 걸까? 하지만 꼭 그 이유 때문만은 아니었다.

"맥주는 몸을 따뜻하게 해 주고 혈압을 내려 주는 효과가 있잖아요. 그러니 늘 비가 오거나 흐린 독일의 날씨에 잘 맞는 것이 아닐까요?"

독일은 역시 맥주와 떼려야 뗄 수 없는 관계라며 우리는 함께 웃었다. 하지만 그렇다고 해서 어린이들까지 맥주를 즐겨 마시는 것은 아니었다. 물처럼 마신다고 해도 술은 술! 독일에서는 김나지움에 입학할 수 있는 나이인 열여섯 살 이상은 되어야 친구들과 어울려 맥주를 마실 수 있다. 그래도 우리나라와 비교하면 조금 빠른 건 사실이었다.


## 맥주는 어떻게 만들어질까?


교통수단의 발달과 기계의 발달사를 한눈에 볼 수 있는 베를린의 독일 기술 박물관 별관에는 흥미로운 건물이 하나 있었다. 4층으로 구성된 이곳에는 맥주의 제조 과정을 한눈에 볼 수 있도록 양조 시설을 그대로 재현해 놓았다. 맥주가 어떻게 만들어지는지 궁금하다면 한 번쯤 둘러보아도 좋겠다.

이 맥주 양조 시설에서는 맥아麥芽: 보리 씨앗 으깨기, 라우터링, 맥아즙 끓이기 등 일련의 공정을 한눈에 볼 수 있다. 맥주를 만들 때 주 공정이 되는 발효 과정에는 우선 커다란 발효 탱크가 필요하다. 맥아 가열 장치

베를린의 맥주 제조 공장. 현재는 독일 기술 박물관의 일부가 되어 많은 관람객의 발길을 붙잡고 있다.

역시 큰 탱크로 이루어져 있어서 이 건물의 2~4층은 중앙이 뻥 뚫려 있었다. 그 바람에 1층은 위층과 단절되어 있었다. 제조 과정은 맨 꼭대기 층에서부터 시작된다.

자, 그럼 위에서부터 차근차근 내려오면서 맥주를 만드는 과정을 함께 알아볼까?

첫 번째, 맥주 만드는 데 필요한 맥아와 홉<sup>뽕나뭇과의 여러해살이 덩굴풀. 열매는</sup> <sup>맛이 쓰고 방향이 있어 맥주의 원료로 쓴다.</sup>을 준비한다.

두 번째, 맥아를 곱게 간 다음 녹말을 분해시킨다.

세 번째, 곱게 간 맥아 입자를 물에 녹인 후 필터를 통과시켜, 딱딱한 불용성 입자와 맥아를 분리한다.

　네 번째, 준비한 맥아즙에 홉을 첨가한 후 솥에서 가열한다.

　다섯 번째, 맥아를 냉각시킨다.

　여섯 번째, 1차 발효. 발효 탱크에서 맥아즙에 있던 포도당이 효모에 있는 효소에 의해 알코올에탄올과 이산화탄소로 바뀌면서 수백 가지의 성분들이 부산물로 생성된다. 이 성분들은 맥주의 향기와 맛에 큰 영향을 주기 때문에 이때 발생량을 잘 조절하는 것이 중요하다.

　일곱 번째, 2차 발효. 1차 발효 과정에서 생겨난 부산물들이 발효를 한다. 예를 들면 젖산 같은 것이 젖산균에 의해 발효를 하는 것이다. 맥주가 맑아지며 이산화탄소의 함량이 증가한다.

　여덟 번째, 여과를 거친 맥주를 병에 넣는 과정병입을 마지막으로 모든 절차가 끝난다.

¹담금 솥 ²담금 솥의 내부 ³맥아와 홉

<sup>1</sup>맥주 박물관의 내부. 맥주가 만들어지는 과정을 직접 볼 수 있도록 견학로를 만들어 놓았다. <sup>2</sup>냉각 장치 <sup>3</sup>필터, 발효 탱크 등의 맥주를 만드는 데 필요한 시설들 <sup>4</sup>필터 페이퍼 <sup>5</sup>맥주 병입기 <sup>6</sup>병입을 마친 맥주가 박스에 쌓이는 모습 <sup>7</sup>완성된 맥주가 출고되는 모습

# 맥주의 도수는 어떻게 유지될까?

여기서 생기는 궁금증 하나! 맥주의 알코올 함유량은 4% 내외이다. 그렇다면 이 농도는 어떻게 유지되는 것일까?

비밀은 바로 발효 과정에 있다. 효모는 발효 초기에 온도와 영양분, 수분의 조건이 최적의 상태가 되었을 때, 20분마다 2배로 증식을 한다. 그러다가 산소가 고갈되면서 증식이 멈추고, 대신 양조 조건하에서 알코올 발효를 일으키며 생존을 유지한다. 그러나 알코올 농도가 점점 높아지면 활성을 잃게 되고, 결국 알코올 농도가 4% 이상이 되면 자가 용해되기 시작한다. 즉, 효모는 포도당을 분해하여 알코올을 만들지만 알코올이 어느 정도 이상의 농도가 되면 되레 알코올에 의해 죽게 되는 것이다. 효모의 전성기가 끝나면 이번에는 유산균이 번식하기 시작하여 젖산과 미량의 향미 성분을 생성한다. 유산균 역시 유산의 함량이 높아지면 자가 용해된다.

## 맥주와 물의 상관 관계

술맛은 물맛이 좌우한다는 말이 있다. 예로부터 우리나라에서도 술이 유명한 곳은 물이 좋은 곳이었다. 물을 매개로 하여 생산되는 양조 맥주 역시 그렇다. 양조용 물은 깨끗해야 하며, 물이 있던 곳의 토양에 따라 물에 녹아 있는 이온과 무기 염류의 종류와 양, 산성도, 물의 경도가 차이가 날 수 있는데, 이러한 물의 특성은 양조 과정에서 맥주 특성에 큰 영향을 미친다. 물에 함유된 이온과 무기 염류에 의해 맥아와 홉의 수용성 성분이 녹을 수 있고, 이것이 최종적으로 맥주의 안정성과 독특한 향을 내는 데 중요한 역할을 하는 것이다.

포도주의 경우도 12.5%에서 14%까지 알코올이 생산되는데 맥주와 알코올 함량이 다른 이유는 다른 종류의 효모를 이용하기 때문이다. 일반적으로 알코올 함량이 15% 이상인 발효주는 만들 수 없다. 왜냐하면 효모가 최대로 견딜 수 있는 알코올 농도가 15%이기 때문이다.

맥주를 비롯해서 문화와 예술, 학문 등에 대한 자존심으로 가득 찬 바이에른의 진주 뮌헨은 오랜 역사와 파란만장한 근현대사를 겪은 도시이다. 단순히 맥주의 도시, 맥주의 나라로만 보았다면 이렇게 깊은 인상을 받지는 못했을 것이다. 찬란한 근현대사의 문화, 수많은 노벨상 수상자들……. 치밀한 계산 속에 내실을 기하는 그들의 모습은 우리가 배워야

## 발효와 효모, 너희 무슨 관계야?

발효는 넓은 의미로는 미생물이나 균류 등을 이용해 인간에게 유용한 물질을 얻어 내는 과정이고, 좁은 의미로는 산소를 사용하지 않고 에너지를 얻는 당 분해 과정이다. 효모는 당을 발효시켜 에탄올과 이산화탄소를 생산하는데, 주로 맥주를 만들거나 빵을 발효시키는 데에 이용된다.

기원전에 이미 효모에 의한 발효가 상당히 완성된 형태로 행해졌다는 사실은 바빌로니아의 고도 발굴이나 로제타 석(石), 이집트의 유적 연구 등을 통해 확인된 바 있다. 과실주와 같은 간단한 술은 더 일찍 만들어져, 부모로부터 자식에게 전승되었던 것으로 추정된다.

효모의 어원은 그리스 어로 '끓는다'는 뜻이다. 이것은 효모에 의해 발효되면서 발생되는 이산화탄소가 거품을 많이 생성하는 데서 유래한다. 효모는 대부분 토양 속이 아닌 꽃의 꿀샘이나 과실의 표면과 같은 당 농도가 높은 곳에 생육한다.

할 것이 분명하다. 세계적으로 유명한 맥주는 그냥 전통에 따라 만들다 보니 저절로 그렇게 된 것이 아니라, 끊임없는 노력의 결과일 것이다. 맥주뿐만 아니라, 맥주를 만들던 장소도 하나의 상품으로 개발하여 박물관의 전시실로 만든 독일인의 치밀함 역시 새삼 놀랍다.

아, 맥주 이야기를 많이 했더니 왠지 알딸딸하게 취하는 기분이다. 상쾌한 맛의 오리지널, 부드럽게 넘어가는 바이스 비어, 무게감이 느껴지는 둔켈의 맛을 다시 한 번 느껴 보고 싶다. 홍생

호프브로이하우스 찾아가기

| 위　　치 | 마리엔 광장에서 약 10분 정도의 거리, Am Platzel 9번가 |
| --- | --- |
| 개장시간 | 09:00~다음 날 01:00 |

# 어린이를 위한 모든 것
# 매크밋 어린이 박물관

베를린에 있는 여러 박물관을 조사하다가 어린이를 위한 과학관이 있다는 사실을 알게 되었다. 방문한 날이 마침 토요일이라서 그런지 박물관은 아이들과 부모들로 몹시 붐볐다. 그런데 입장료가 자그마치 4.5유로. 이걸 어쩐다? 공짜로 들어가는 방법은 없을까?

"저……, 그냥 간단히 둘러볼 건데……. 아이도 없고요."

빈샘의 불쌍한 표정 때문이었을까? 이 말 한 마디로 무료 입장 성공!

박물관은 생각보다 아담했다. 그러나 아이들이 돌아다니기에는 적당한 규모로 한두 시간 정도 재미있게 놀 수 있을 것 같았다. 2층으로 지어진 건물인데 천장이 어찌나 높은지 여느 건물의 4층 높이는 족히 될 듯싶었다. 천장 때문인지 아주 시원한 느낌을 주었다.

매크밋 어린이 박물관에서 가장 많은 부분을 차지하는 것은 에너지와 관련된 전시물이었다. 태양 전지에 전구를 연결해서 태양열 에너지를 활용하는 예를 보여 주는 전시물이 눈에 띄었다. 그리고 여러 대의 자전거 바퀴를 돌리는 수동 발전기로 전구의 불을 밝히는 장치 앞에는 사람들이 엄청나게

[1]태양을 상징하는 전구를 태양 전지판으로 향하게 하면 집집마다 불이 켜지는 전시물 [2]자전거 바퀴를 돌려 불을 켜는 모습. [3]과학관 내에서는 초등학교 저학년으로 보이는 아이들과 함께 수업을 진행하는 모습도 심심치 않게 볼 수 있다. [4]박물관 2층은 아이들이 즐길 수 있는 미로와 여러 가지 실험을 할 수 있는 공간으로 꾸며져 있다.

북적거렸다. 아이들 몇몇과 어머니가 신나게 바퀴를 돌려 보았지만 불이 잘 켜지지는 않았다. 힘이 부족해서인가? 이때 혜성처럼 등장한 사람이 있었으니, 바로 나였다! 튼튼한 두 다리로 바퀴를 마구 돌리자 환하게 불이 밝혀졌다. 그러자 아이들의 얼굴 역시 환해졌다. 순간 나는 슈퍼맨이라도 된 듯한 기분이었다.

¹가장 인기 있는 전시물 가운데 하나인 플라스마 볼  ²우리나라의 삼성 어린이 박물관의 모습

학교에서 선생님과 단체로 온 아이들도 있었다. 10여 명의 학생들이 선생님과 함께 전시물에 관해 이야기를 나누고 있었다. 그런데 열 살 정도 되어 보이는 한 학생이 방사능을 측정하는 기기인 '가이거 뮐러 계수관'의 이름을 정확하게 말하는 것이 아닌가. '오호! 영재 학생인가?' 나는 속으로 중얼거렸다.

여러 전시물 중에서도 플라스마 볼은 그야말로 인기 짱이었다. 마법사의 수정 구슬과 같은 유리구에 손을 대면 구의 중심에서 손가락 쪽으로 예쁜 섬광이 따라온다. 야, 신기하다! 해리 포터의 마법사가 이런 기분이었을까? 아이들도 신기한지 연신 손을 갖다 댔다. 이 신비로운 공은 물리학자 테슬라가 처음 만들었다.

플라스마 볼의 멋진 불빛의 원리는 무엇일까?

플라스마는 기체, 액체, 고체에 이어 제4의 상태로도 불리는데, 이는 이온이 가스로 된 상태를 말한다. 형광등 속이나 대형 텔레비전으로 사용되는 PDP에 들어 있으며, 우주의 99%가 플라스마 상태로 되어 있다.

아르곤 등의 기체가 들어 있는 플라스마 볼의 안쪽은 기압이 아주 낮다. 여기에 가운데 부분에만 높은 전압을 걸어 주면 높은 전압에 의해서 전자가 밖으로 튀어나가게 되는데, 이 전자들이 주변의 기체 분자들과 충돌하면서 기체를 플라스마 상태로 만든다. 이때 유리의 바깥에 손을 갖다 대면 빛이 지나가는 줄기를 따라 플라스마가 밝게 빛난다. 이 빛줄기는 전자의 이동 경로라고 보면 된다. 번개가 만들어지는 원리도 이와 비슷하다.

2층에 있는 놀이 공간 속의 미로는 완전 아이들 차지였다. 놀이 공간을 좋아하는 건 동서양 어린이가 따로 없나 보다. 반면 작은 테이블 앞에서는 선생님의 지도에 따라 여러 어린이들이 다양한 실험을 체험해 보고 있었다.

우리나라에도 어린이 전용 과학관이 있다. 서울 잠실에 자리한 삼성 어린이 박물관이다. 규모도 크고 전시물도 알차서 꼭 한 번 방문해 볼 만한 곳이다. 일반 박물관에 아이들을 데려가면 전시물들이 아이들 눈높이와 맞지 않아서인지 금세 흥미를 잃어버리고 한눈을 팔기 십상이다. 매크밋 어린이 박물관이나 삼성 어린이 박물관처럼 어린이의 눈높이에 맞춘 박물관이 많아진다면, 장난꾸러기들도 언제 그랬냐는 듯 흥미진진해 할 텐데!

그건 그렇고, 공짜 구경 한번 자알 했다! (어쌤)

### 매크밋 어린이 박물관 찾아가기

**홈페이지** ▶ www.machmitmuseum.de

**주    소** ▶ MACHmit! Museum fur Kinder Senefelderstraße 5, 10437 Berlin

**교 통 편** ▶ U반 : 베를린 중앙역에서 U반을 타고 Eberswalder Strasse 역에서 하차(도보로 10분)

**개관 시간** ▶ 10:00~18:00

**휴 무 일** ▶ 매주 월요일

**입 장 료** ▶ 일반 4.5유로, 어린이 3유로(3세 이하 무료)

불빛이 꺼지지 않는 꿈의 공장
# 독일 영화 박물관

"내가 세상에 태어나 처음 본 빛은
60촉짜리 전구였습니다."
영화 〈양철북〉(독일 감독 폴커 슐렌도르프의 1979년작) 중에서

: : **관련 단원** 중학교 과학 1 **빛** 중학교 과학 1 **파동** 중학교 과학 2 **자극과 반응**
고등학교 물리 1 **파동과 입자** 고등학교 생물 1 **자극과 반응**

# 할리우드가 부럽지 않아!

'영화의 본고장'이 미국의 할리우드라고? 모르시는 말씀. 독일 역시 영화에 대해서 할 말이 꽤나 많은 나라이다. 나치가 통치하던 시절, 독일은 영화를 주요한 홍보 수단으로 삼아 대중을 선동했다.

언젠가 다큐멘터리를 통해 나치의 선전 영화를 볼 기회가 있었다. 영화 속 행진하는 독일군의 모습은 마치 로마 군대처럼 질서 정연하고 절도가 있어 오싹한 느낌마저 들었다. 그런데 나의 눈을 사로잡은 것이 또 있었으니, 바로 상당히 세련되어 보이는 군복. 알고 보니 나치의 군복은 독일에서 아직도 명품 브랜드로 인정받는 디자이너 휴고 보스가 만든 것이라고 한다. 나치는 눈에 보이는 것을 중요하게 여긴 것일까? 그렇다면 영화만 한 게 없지, 암.

이 시점에서 독일의 영화가 궁금하지 않을 수 없다. 과학을 테마로 한

1 질서정연한 독일군의 모습 2 행진하는 독일군. 마치 로마 군대가 행진하는 것 같은 느낌을 준다.

여행에서 뜬금없이 웬 영화냐고? 영화가 만들어지기까지의 과정을 보다 보면 그 답을 찾을 수 있다. 우리 주변에서 과학의 원리가 미치지 않는 것이 어디 있을까? 지금껏 우리의 여행에 동참했으면 다 알 텐데……. 서두가 길었다. 백문이 불여일견. 독일 영화 박물관으로 일단 출발!

## 영화, 과학과 통하였느냐

평일 저녁 시간인데도 박물관 안은 사람들로 붐볐다. 가장 먼저 눈길을 끈 것은 입구 양옆에 세워 놓은 커다란 조명 기구와 낡은 카메라. 영화는 빛의 예술이라는 말이 새삼 떠올랐다.

우리는 먼저 입구에 각종 영화 포스터가 펼쳐진 2층부터 둘러보기로 했다. 그곳은 영화가 탄생하기 이전, 동영상을 만들었던 여러 장치들이 전시된 곳과 뤼미에르 형제가 움직이는 영상 매체를 개발하면서 시작된 영화 산업 초기의 모습을 보여 주는 곳으로 나뉘어 있었다.

먼저 영화 발명 이전의 전시물이 있는 곳으로 들어섰다.

"여기, 영화 박물관 맞아?"

전시물을 둘러보니 이런 말이 절로 나왔다. 그곳은 과연 영화와 관계가 있을까 싶은 재미있는 볼거리들로 가득했다. 우선 '요술 거울'과 '요술 그림'이 그랬다.

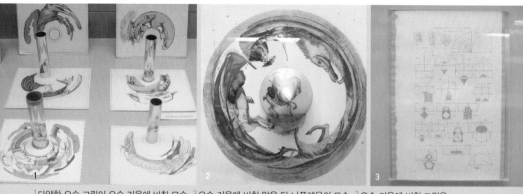

　　요술 거울은 물체를 비추면 좁고 길게 보이는 특징을 가진 볼록 거울이고, 요술 그림은 이 거울을 원통형 또는 원뿔형으로 만들어 놓고 비췄을 때 완성된 형태로 나타날 수 있도록 각도를 계산한 그림이다. 넓게 펼쳐 그린 그림은 마치 추상화처럼 보이지만, 거울에 비춰 보면 특정한 사물이나 사람이 나타났다. 전에 과학 교사 모임에서 요술 그림과 거울을 직접 만들어 본 적이 있는데, 독일의 영화 박물관에서 다시 보게 될 줄이야……

　　그뿐만이 아니었다. 거울을 이용해서 여러 개의 상이 나타나도록 하는 요지경도 전시되어 있었다. 그 당시 사람들은 정적인 그림을 가지고 여러 효과를 주어 새롭게 만드는 것에 관심이 많았던 모양이다.

　　그런데 이건 또 뭐지? 어렸을 때 많이 가지고 놀던 장난감이잖아! 그곳에는 두 그림을 돌려, 합쳐진 하나의 그림으로 보이게 하는 기구들도 전시되어 있었다. 그 그림을 보자 아련하게 떠오르는 갑자기 중학교 시절의 추억 하나. 한 친구 녀석이 둥글고 딱딱한 종이에 한 면에는 새가,

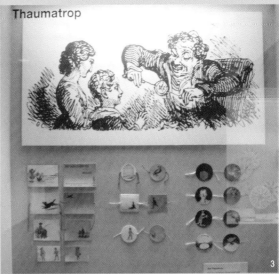

Thaumatrop

¹거울을 양옆으로 놓고, 안쪽에 사람 그림과 기둥을 넣어 구멍을 통해 관찰하는 만화경 ²만화경의 구멍을 통해 보면 사람과 기둥이 많은 것처럼 보인다. ³소마토트로프 앞뒤에 그림을 그려 놓고 돌리면 두 그림이 합쳐진 것처럼 보인다. ⁴페나키스코프 원판. 연속된 그림이 그려져 있다.

반대 면에는 새장이 그려져 있는 그림을 내게 내밀었다.

"너, 이 새를 새장 안에 가둘 수 있어?"

마술이 아니고서야 아무리 고민해도 도통 방법을 알 수 없었다.

"자, 이렇게 하면 돼."

친구가 으스대면서 보여 준 방법은 종이에 실을 양쪽으로 연결하여 돌리기. 두 그림이 빠르게 돌아가면서 새가 새장에 갇힌 것처럼 보인 것이다. 어찌나 신기하던지…… 그 비밀이 눈에 남아 있는 잔상 때문이라는 것은 나중에 알게 되었다. 그 녀석도 당시에는 그 원리를 모르고 있었

## 착시와 애니메이션

소마트로프(Thaumatrope), 페나키스토스코프(Phenakistoscope), 조트로프(Zoetrope)를 사용하면 정지된 그림이 움직이는 것처럼 보인다. 이들의 공통된 원리는 무엇일까? 정답은 착시 현상. 밝은 물체를 보고 난 뒤에는 잠깐 동안 그 모양이 사라지지 않고 눈에 보이는 듯 남아 있는데, 이것을 잔상이라고 한다.

잔상은 시세포가 다시 빛에 의한 자극을 받아 반응을 일으키려면 약간의 시간이 필요하기 때문에 나타나는 현상이다. 그런데 이때 곧바로 다른 물체를 보면 방금 전에 봤던 영상의 잔상이 겹쳐져 단절되지 않고 연속적으로 보이는 것처럼 느끼게 된다. 예를 들어 원의 앞부분을 입이라고 생각하고 점차 벌어졌다 닫히는 그림을 연속해서 그렸다고 하자. 이것을 원뿔 모양의 간이 조트로프 안쪽에 차례로 붙여 놓고 회전시키면서 조트로프의 홈 사이로 보면, 원이 입을 벌렸다 닫았다 하는 것처럼 보이는 것이다.

조트로프

<sup>1</sup>조트로프. 원통에 세로로 홈이 파여 있고 안쪽에 연속된 동작을 나타내는 그림을 붙이게 되어 있다. <sup>2</sup>조트로프와 조
트로프의 안쪽에 붙이는 연속된 동작의 그림들

겠지? 이제 와서 조금 억울한 생각이 든다. 역시 아는 게 힘이라니까.

그 외에도 돌리는 원판에 홈을 낸 원판을 추가한 페나키스토스코프
도 전시되어 있었다. 앞에서 원판을 잡고 회전시키면서 원판의 가느다
란 홈의 한쪽 구멍을 통해 연속된 그림을 보면, 그림 속의 사물이 마치
움직이는 듯한 착각을 일으킨다. 원판에는 달리거나 창을 던지는 등의
연속된 그림이 그려져 있었다.

1층으로 내려가자 전시장 한가운데에 조트로프라는 장치가 전시되
어 있었다. 그것은 위가 뚫린 회전 원통 아랫부분에 연속 동작의 그림을
그려 놓고, 원통을 회전시켜서 윗부분의 틈새를 통해 그림을 보도록 한
장치이다. 조트로프는 한샘과 내가 2005년도 일본 도야마 청소년 과학
제전에 참가해서 일본 학생들을 대상으로 발표한 활동이기도 하다. 익
숙한 전시물을 보자 친구를 만난 듯 반가웠다. 그러나 기구들은 모두 유
리창 안에 전시되어 있어서 눈으로만 볼 수 있었다. 간단히 시연을 할

수 있도록 했으면 더 좋았을 텐데, 하는 아쉬움이 남았다.

연속적인 움직임과 착시 현상을 결합한 대표적인 예가 바로 애니메이션. 애니메이션의 원리는 정지된 여러 개의 영상을 빠른 속도로 재생해 마치 움직이는 것처럼 보이게 하는 것이다. 일정 시간 동안 재생하는 영상의 수가 많을수록, 그리고 재생 속도가 빠를수록 애니메이션의 등장인물들은 실제처럼 자연스럽게 움직인다. 이러한 원리는 텔레비전이나 영화에서도 고스란히 이용된다.

조트로프 전시 부스를 지나자 한쪽 구석에 방 하나가 보였다. 카메라 옵스큐라였다. 검은 커튼을 열고 들어가니 사면이 모두 컴컴했다. 헉! 그런데 그때, 칠흑 같은 어둠 속에서 누군가 내게 말을 걸어오는 것이 아닌가.

"홍샘, 이쪽 벽을 잘 보세요. 뭐가 보이나요?"

알고 보니 먼저 들어와 있던 이샘이었다. 간 떨어지는 줄 알았네.

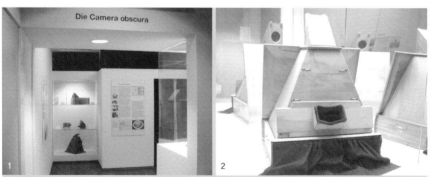

1 카메라 옵스큐라. 어두운 방의 작은 구멍을 통해 주변 모습이 벽에 비치게 해 놓았다. 2 초창기의 카메라. 아무래도 휴대하긴 불편하겠지?

# 카메라 옵스큐라

'카메라'라는 말은 오랫동안 그림을 그리는 도구로 사용되었던 '카메라 옵스큐라'에서 유래되었다. 이는 라틴 어로 '어두운 방'이란 뜻이다. 이미 BC 3세기경 아리스토텔레스는 "어두운 방의 벽면에 뚫린 작은 구멍에서 들어온 빛에 의해 반대편의 벽면에 바깥 풍경이 역상으로 비치는 현상"이라고 카메라 옵스큐라에 대해 설명했다.

한편 16세기 이탈리아의 과학자 포르타는 "만약 당신이 그림을 그릴 줄 모른다 해도 연필로 카메라 옵스큐라에 비쳐진 윤곽을 따라 그린 뒤 그 위에 색칠만 하면 된다."라는 말로 카메라 옵스큐라를 그림을 그리기 위한 보조 수단으로 사용할 것을 제안하기도 했다. 17세기에 들어서 독일의 수도승이었던 요한 찬은 이것을 휴대할 수 있을 만큼 소형화했다. 그리고 19세기에 들어와서 감광 재료를 이용하여 상을 영구적으로 정착시키고자 하는 노력으로, 비로소 사진에 대한 연구가 시작되었다. 이후 카메라 옵스큐라는 많은 발전을 거듭하게 된다. 구멍 대신에 앞에 볼록 렌즈를 부착하고, 렌즈가 발달되면서 셔터, 조리개 같은 기구를 장착해 오늘날의 카메라를 만들게 된 것이다.

"글쎄……."

눈을 부릅뜨고 바라봤지만 아무것도 보이지 않았다. 잠시 뒤, 눈이 어둠에 익숙해지자 이샘이 가리킨 벽면을 통해 마인 강 건너 프랑크푸르트의 시내가 펼쳐졌다. 그런데 신기하게도 건물과 도로를 지나는 차들이 거꾸로 보였다.

"이야!"

재미있는 현상에 탄성을 지르자, 이샘이 설명을 해 주었다.

"프랑크푸르트 시내가 보이는, 마인 강을 향한 창 쪽에 작은 구멍을 뚫고, 그 앞에 볼록 렌즈를 달아 놓아서 벽면에 상이 맺히도록 한 거예요. 바늘 구멍 사진기의 원리와 같아요."

## 레디 액션!

이동식 카메라 옵스큐라를 보러 가던 중 박물관 통로에서 나무로 만든 전시물을 하나 발견했다. 자동판매기 같기도 하고, 장식 같기도 한 그 물건에는 '키네토스코프Kinetoscope'라는 이름이 적혀 있었다.

사진기가 발명된 뒤, 사람들은 그림 대신 연속된 사진을 사용하여 움직임을 나타내려 했다. 그 결과, 여러 개의 사진을 원통 속에 넣고 돌려서 일정한 위치에서 사진이 한 장씩 눈에 보이도록 만든 장치, 즉 키네토스코프가 발명되었다. 한 가지 특이한 점은 동전을 넣어야 작동이 된다는 사실.

키네토스코프는 에디슨이 자신의 조수에게 지시하여 만든 '무성 영화'를 보는 장치이다. 한 사람만 관람할 수 있으며, 작은 구멍에 동전을 넣으면 작동한다. '키네토'는 움직인다는 뜻인데, 이것이 나중에 '시네마Cinema'가 되었다.

에디슨은 영화가 일시적인 유행일 거라고 믿었기 때문에, 영화를 스크린에 투사하는 시스템을 개발하지 않았다. 하지만 그의 예상과는 달

1 키네토스코프 2 당시 키네토스코프를 이용하는 모습을 그린 그림 3 왼쪽에 여러 개의 연속된 사진을 겹쳐 놓고 돌리면 윗부분에서 한 장씩 걸려 눈으로 볼 수 있게 되어 있다. 4 키네토스코프의 일종으로, 돈을 넣어야 작동된다. 기계마다 동전을 넣는 구멍이 뚫려 있다.

리 오늘날 영화는 가장 막강한 영향력을 지닌 문화 산업이 되었으니, 아마 무덤에서 후회막심일 것이다. 그 작업은 뤼미에르 형제에 의해 이루어졌는데, 뤼미에르 형제가 독자적으로 발명한 카메라는 현상과 영사기를 겸한 것으로 휴대가 가능한 소형 촬영기였다. 그것은 영사기 방식을 통해 스크린에 확대 영사하는 기능을 가지고 있었다. 이로써 사실상 영화의 대중화가 시작되었다고 볼 수 있다.

뤼미에르 형제는 시사회를 열어 영화를 공개 상영하기도 했다. 비록 현재 우리가 알고 있는 형태의 영화는 아니었지만, 그들이 이후 영화의 발달에 지대한 공헌을 했다는 것은 명백한 사실. 그들을 '영화의 아버지'로 부르는 데엔 그만한 이유가 있었다.

# 최초의 대중 영화

프랑스의 한 카페에서 시네마토그라프가 공개되었을 때, 사람들의 충격은 이루 말할 수 없었다. 그들이 보고 겪는 실제 현실이 벽 위에서 고스란히 살아 움직이리라고 상상도 하지 못했으니까.

이미 환등기로 영사되는 사진을 보는 데 익숙했던 관객들은, 처음엔 흰 막 위에 영사된 사진을 보고 '뭐, 별거 아니잖아.'라는 반응을 보였다. 하지만 곧 사진이 움직이기 시작하자 카페 안은 놀라움으로 술렁거렸다.

뤼미에르 형제

그도 그럴 것이 눈앞에서 나뭇잎이 흔들리고, 바닷물이 출렁거리고, 말들이 달려가고 있었던 것이다. 특히 역에 들어오는 기차를 보고는 놀라서 비명을 지르고 의자 밑으로 숨은 관객도 있었다고 한다.

뤼미에르 형제가 발명한 카메라와 영사기 겸 인화기인 시네마토그라프

한 신문 기자는 "언젠가 모든 대중이 카메라를 소유한다면, 그래서 자신들에게 소중한 사람들이 움직이는 모습을 카메라에 담을 수 있다면 죽음이 가진 완결성 또한 사라질 것"이라고 예언했다. 그 기자의 상상이 현실이 된 지금, 정말 죽음의 완결성은 사라진 것일까?

한 번쯤 진지하게 생각해 볼 이날 상영된 영화는 시네마토그라프로 촬영한 10편으로, 각 상영 시간은 1분 정도(전체 상영 시간 25분)였다. 관객이 폭발적인 반응을 보이자 뤼미에르 형제는 한껏 고무되었다. 그래서 이후에도 고정된 카메라로 움직이는 상을 찍는 것 이외에, 배를 타고 다니면서 풍경을 찍는 등 카메라를 이동하면서 고정된 상을 찍기도 하여 여러 형태의 영화를 선보였다. 흥행은 역시 대성공이었다.

¹달나라 여행 세트 앞에서. 1970년대 기념사진 같은 구도로군! ²얼굴만 넣었을 뿐인데 금세 우아한 여신으로 변신한 이샘. 그 옆의 한샘 표정도 재밌다. ³달나라 여행을 떠나는 빈샘

2층 안쪽에서는 프랑스의 마술사였던 조르주 멜리어스가 직접 제작한 영화, '달나라 여행'의 촬영 세트도 볼 수 있었다. 가까이 가 보니 촬영 스튜디오 중 일부를 재현해 놓은 것이었다. 그런데 이 유치한 그림들은 뭐지? 세트 한쪽에 연극 무대의 배경처럼 그림막이 걸려 있는 게 아닌가. 우리는 돌아가며 영화의 주인공처럼 포즈를 잡아 보았다. 지금은 유치하고 조잡하게 보이지만 당시에는 매우 놀라운 발상이었겠지?

## 무성 영화에서 오늘날의 영화로

세트장 옆에 마련된 TV에는 무성 영화가 상영되고 있었다. 대사가 전혀 없었지만, 배우들의 몸짓만으로도 폭소가 터져 나올 정도로 재미있었다. 끝까지 보지 못하고 아쉬운 발걸음을 돌려 3층으로 올라가니, 영화관 매표소를 재현해 놓은 듯 보이는 입구 하나가 나왔다. 극장처럼 꾸며 놓은 작은 영화 상영관이었다. 20세기의 영화가 예술적으로나 기술적으로나 얼마나 진보해 왔는지 보여 주는 영상이 그곳에서 상영되고 있었다.

3층에도 세트장이 있었다.

¹골목길 세트. 가까이 가서 보면 합판으로 만들어져 있다.  ²골목길 위쪽에 카메라가 있어 그곳을 지나가면 TV 화면에 모습이 나타난다.  ³아주 작게 만든 마을 모형  ⁴모형을 이용해서 찍은 눈 내리는 장면. 정말 그럴듯하다.

"뭐야, 합판으로 대충 겉모양만 만들어 놓은 골목이잖아. 너무 조잡해 보이는데?"

실망스러워하는 나를 보며 이샘이 모니터 화면을 가리켰다.

"저기 좀 보세요. 화면에는 그럴듯해 보이지 않아요?"

정말 그랬다. 나는 너무 신기해서 한참을 그곳에 서 있었다. 그때 어느새 다른 곳을 보고 있던 이샘이 나를 불렀다.

"홍샘, 창밖 풍경이 다 사진이에요. 이것도 화면으로 보면 그럴듯하겠죠?"

이샘이 가리킨 사무실 세트의 창문 바깥에는 주변을 둘러싼 빌딩 숲의 사진이 붙어 있었다. 이샘 말처럼 저것도 카메라로 찍는다면 마치 고층 빌딩에 있는 사무실에서 일하는 듯한 장면을 연출할 수 있겠지?

그 밖에 실제처럼 현실감 있으면서도 아름답게 만들어진 눈 내린 마을의 미니어처와 보통 키의 사람을 거인으로 보이게 하는 작은 집도 눈길을 끌었다.

이처럼 약간은 어설프게 보이는 세트의 배경이 영화 화면으로 그럴듯하게 보이는 이유는 우리가 사물을 인식하는 방법 때문이다. 물체의 크고 작음은 다른 물체와 비교함으로써 인식하게 된다. 또한 아무리 큰 것이라도 멀리 떨어져 있으면 작게 보인다. 위에서 본 것들은 바로 이러한 점을 이용하여, 작은 것을 크게 인식하게 하거나 그림이나 사진을 멀리 떨어진 실제의 모습으로 인식하게 한 것이다. 영화 속의 도시나 킹콩, 공룡과 같은 거대한 것들은 모두 이러한 효과가 사용되었다.

특수 분장 코너에는 최초의 특수 분장이라 불리는 프랑켄슈타인의

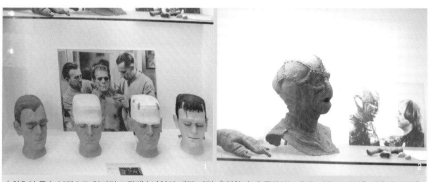

1 최초의 특수 분장으로 알려진 프랑켄슈타인의 제작 과정 2 영화 속에 등장하는 우주 괴물도 사실은 배우가 가면을 쓰고 연기한 것이다.

제작 과정이 단계별로 전시되어 있었다. 또한 우주 괴물의 모습을 나타
내기 위한 소품들과 입체 분장도 볼 수 있었다. 세트의 실제 모습과 영
화 속의 장면을 비교한 전시물들은 영화의 기법을 보다 쉽게 이해할 수
있도록 도와주었다.

이것저것 천천히 둘러보고 있는데, 저쪽에서 빈샘과 이샘이 나를 애
타게 불렀다.

"홍샘, 사진 좀 찍어 주세요."

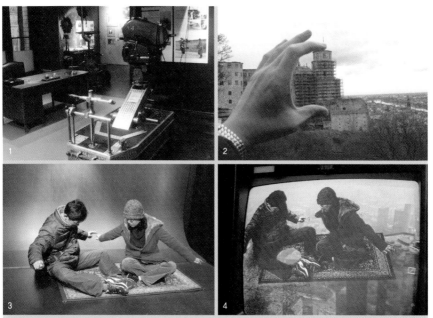

¹사무실 세트. 카메라로 찍으면 마치 고층 빌딩에 있는 것 같다. ²한 손에 잡힐 듯한 건물의 모습. 이것도 일종의 착시
현상이다. ³파란색 배경의 스튜디오에서 카펫 위에 팔 벌리고 앉아 아래를 내려다보는 장면을 연출하는 이샘과 빈샘
⁴연출된 장면을 영화로 만들자, 진짜 하늘을 나는 것처럼 보인다. 구석에 앉은 이샘은 금방이라도 떨어질 것같이 아슬
아슬하다.

빈샘과 이샘은 파란색의 스튜디오에서 카펫에 앉아 아래를 내려다보는 시늉을 하고 있었다.

"화면에는 정말 하늘을 나는 것처럼 보이죠? 마치 알라딘이 된 것 같아요!"

컴퓨터 그래픽이었다. 재미있는 체험이었지만 한편으론 조금 허탈했다. 영화 속 아름답고, 무섭고, 낭만적인 장면들이 다 사실이 아니었다니……. 차를 타고 움직이는 장면도 스튜디오에서 촬영할 수 있었다.

1 이샘과 빈샘이 자동차 모형에 앉은 모습 2 화면에는 실제로 차에 탄 것처럼 보인다. 3 "나는 감독이야!"를 외치며 포즈를 취하는 빈샘 4 애니메이션 제작용 카메라 및 조명. 만화 영화를 만들기 위해서는 수많은 그림들이 필요하다.

## 아름다운 여배우, 마를렌을 아시나요?

마를렌 디트리히는 남자 못지않은 큰 키에 순수해 보이면서도 싸늘한 표정과 중성적인 이미지로 일약 스타덤에 오른 독일 출신의 여배우이다. 마를린의 얼굴을 보면 나치가 그렇게 찾았던 게르만 족의 전형적인 얼굴이 생각난다. 강인해 보이는 각진 턱과 냉철하고 차가운 분위기의 얼굴, 장대한 기골 등은 독일 여성의 전형에 가깝다.

마를렌 디트리히(1901~1992)

제2차 세계 대전 당시, 마를렌은 독일과 미국 병사들 사이에서 크게 유행했던 노래 〈릴리 마를렌〉을 불렀다. 이 노래는 평화를 염원하는 인류의 바람이 담긴 명곡이다. 또한 그녀는 나치에 반대하며 미국 국적을 취득해 미군 위문 공연에 나서기도 했다. 하지만 그 때문에 고향인 독일에서는 배신자로 낙인이 찍혔다. 결국 그녀는 히틀러와의 협력을 끝까지 거부하고 미국 망명을 택했다.

나치는 자신들의 정당성을 주장하기 위해 영화와 스포츠를 적극적으로 활용한 것으로 유명하다. 당시 독일 여성의 이미지를 가지고 있으면서도 세계적인 스타로 사랑받았던 마를렌 디트리히가 나치를 위한 영화를 만드는 데 협력해 주었으면 하는 것이 히틀러의 바람은 아니었을까?

이번에도 역시 빈샘과 이샘이 모델을 자청했다.

"자, 사이좋은 척해 보세요."

두 사람이 자리에 앉으니 앞의 모니터에는 다른 부분은 보이지 않고 운전대와 두 사람의 얼굴만 나타났는데, 진짜 차 안에서 운전하는 것 같았다. 아, 정말 스튜디오에서는 못 찍는 것이 없구나.

만화 영화를 찍는 장비도 흥미로웠다. 1초에 16컷 이상을 찍어야 사물이 움직이는 만화 영화가 만들어진다고 한다. 그러면 30분짜리 만화 영화를 만들기 위해서는 30분×60초×16컷, 즉 2만 8800개의 그림이 있어야 하는 것이다. 만화 영화 한 편을 위해서 이처럼 많은 노력이 필요하다는 것이 새삼 놀라웠다.

"나도 감독이야! 예쁘게 찍어 주삼."

카메라 앞에서 포즈를 취한 빈샘 역시 어느새 영화 박물관의 매력에 푹 빠져 있었다.

과학의 세계는 과연 어디까지일까? 독일 영화 박물관에서 만난 다양한 전시물들을 다시 떠올려 본다. 영화의 시작도 그러했지만, 오늘날의 영화 속에는 더 많은 첨단 과학과 기술 정보가 집약되어 있다. 영화 속에 숨겨진 과학의 원리를 찾아보는 것도 재미있는 영화 관람의 한 방법이 아닐까? 홍샘

독일 영화 박물관 찾아가기

**홈페이지** ▶ www.deutschesfilmmuseum.de

**주    소** ▶ Deutsches Filmmuseum Schaumainkai 41 (Museumsufer)
　　　　　 D-60596 Frankfurt am Main

**교 통 편** ▶ 버스 : 46번 박물관 거리 영화 박물관 앞 하차
　　　　　 U반 (U1, U2, U3)을 타고 Swiss court 역에서 하차, 걸어서 5분 정도 소요된다.
　　　　　 16번 트램을 타고 Garden Road 역에서 하차, 걸어서 5분 정도 소요된다.

**개관 시간** ▶ 10:00~17:00(수요일과 목요일은 20:00까지)

**휴 무 일** ▶ 1월 1일, 2월 28일, 4월 14일, 5월 1일, 11월 1일, 12월 24·25·31일

**입 장 료** ▶ 일반 2.5유로, 학생 1.3유로

## 음악 속에 숨은 과학
# 베를린 필하모니

새로운 문화 체험은 여행이 주는 또 하나의 선물이다. 유명한 것 많은 독일에서 빼놓으면 섭섭한 게 바로 음악이다. 오케스트라 하면 떠오르는 베를린 필하모니 오케스트가 베를린에 있다는 것은 삼척동자도 다 아는 사실이다.

역사상 가장 유명한 지휘자로 꼽히는 카라얀이 상임 지휘자로 있던 베를린 필은 그가 세상을 떠난 이후에도 여전히 세계 최고의 교향 악단으로 사랑받고 있다. 우리는 독일 음악의 정수를 맛보기 위하여 베를린 필의 공연장인 '베를린 필하모니'를 찾아갔다.

베를린 필하모니가 유명한 것은 최고의 실력을 갖춘 단원, 최고의 지휘자가 서는 무대이기 때문이다. 하지만 거기에 유명세를 더해 주는 것이 있으니 바로 객석의 배치! 천막을 연상시키는 지붕 모양이나 무대와 객석 사이의 가까운 거리는 이미 베를린 필하모니의 상징이 되었다. 더구나 일반적인 공연장이 앞쪽에 무대가 있는 데에 비해서, 베를린 필하모니는 한가운데에 무대가 있고, 그 무대를 사방으로 둘러싸고 객석이 배치되어 있다. 길거리 악사가 연주할 때 사람들이 그 주위를 빙 둘러서서 구경하는 모습에 착안해 만들었

1 극장 내부. 오케스트라의 여러 악기들이 내는 소리는 하나의 파동으로 합쳐져 우리 귀로 전달된다. 2 베를린 필하모니의 전경. 마치 천막 극장을 연상시키는 건물의 외관이 재미있다.

다고 한다.

우리가 본 공연은 비록 베를린 필의 공연은 아니었지만 커다란 감동을 안겨 주기에 부족함이 없었다. 베토벤 교향곡 7번이라고 하는데……. 앗! 어디서 많이 듣던 멜로디? 아하! 최근 많은 인기를 끌었던 일본 드라마 〈노다메 칸타빌레〉의 테마곡이었다. 현악기 바이올린과 목관 악기 오보에, 클라리넷 등이 어우러진 화음은 온몸에 소름이 돋을 정도로 아름다웠다.

그런데 생각해 보니 신기했다. 저 멀리서 연주하는 소리가 어떻게 여기까지 고스란히 전달되는 걸까? 우리가 소리를 들을 수 있는 것은 소리가 파동으로 전달되어 귀의 고막을 진동시키기 때문이다. 즉, 소리는 물결처럼 너울대는 파동 현상이다. 큰 소리는 파동의 진폭이 큰 것이고 높은 음은 파동의 진동수가 많은 소리이다.

그런데 피아노나 바이올린, 첼로처럼 다른 악기로 연주하면 같은 크기, 같은 음높이의 소리라도 왜 다르게 들리는 것일까? 그것은 음색이 다르기 때문이다. 악기에서 나오는 파동을 컴퓨터로 분석해 보면 그 모양이 다른 것을 볼 수 있다.

〈노다메 칸타빌레〉를 보면 지휘자인 치아키가 오케스트라 단원들과 연습을 할 때 누가 잘못 연주했는지 정확하게 지적하는 장면이 나온다. 바이올린, 비올라, 첼로 등 여러 악기에서 나온 파동은 모두 겹쳐져서 하나의 파동으로 전해진다. 그런데 이렇게 합쳐진 하나의 파동 속에서 어떻게 여러 개의 악기의 소리를 구분해 낼 수 있는 것일까?

그 원리는 '푸리에 급수 전개'를 이용하여 설명할 수 있다. 푸리에 급수 전개에 의하면 복잡한 형태의 파동을 간단한 형태의 여러 개의 파동으로 나눌 수 있다. 수학식이 상당히 복잡해서 계산하기 까다롭지만 요즈음에는 컴퓨터로 쉽게 해낼 수 있다.

그런데 중요한 것은 우리의 뇌가 이런 복잡한 계산 능력을 갖추고 있다는

일본 드라마 〈노다메 칸타빌레〉. 클래식을 소재로 젊은이들의 꿈과 사랑을 잘 담아 냈다.

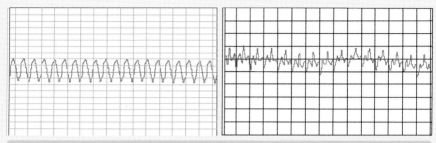

왼쪽은 피아노의 '도'를, 오른쪽은 하모니커의 '도'를 파동으로 본 모습. 같은 음이지만 파동의 모양은 완전히 딴판!

것이다. 복잡한 형태의 파동이 귀로 들어와 이 정보를 뇌에 전달하면, 뇌는 기존에 들어서 알고 있는 악기의 파동으로 그것을 나누어서 해석을 한다. 어머니가 여러 아이들 속에서 자기 아이의 목소리를 구분하는 것도 같은 원리이다.

사실 오케스트라라고 하면 왠지 기가 죽는 면도 없지 않다. 정장을 입지 않으면 입장 불가일 것만 같다. 그래서 일반인들의 접근이 쉬운 것은 아니다. 우리도 공연장에 들어가기 전에 자유로운(?) 옷차림이 약간 신경 쓰였다. 그러나 막상 들어가 보니 사람들의 복장은 각양각색! 물론 파티 복장처럼 화려한 옷을 입은 사람들도 있었지만 편안한 일상복을 입고 온 사람들도 많았다. 천막 극장 모양의 베를린 필하모니는 그 모양처럼 권위 의식 같은 건 던져 버린 것 같았다. 이 음악의 전당은 음악의 향기뿐만 아니라 '사람 냄새' 가득한 시민들의 공간이었다. 이샘

베를린 필하모니 찾아가기

홈페이지 ▶ www.berliner-philharmoniker.de

주    소 ▶ Stiftung Berliner Philharmoniker Herbert-von-Karajan-Str. 1 10785 Berlin

교 통 편 ▶ U반 또는 S반(U2, S1, S2, S25, S26)을 타고 Potsdamer Platz 역에서 하차하거나 200번 버스를 타고 필하모니 정류장에서 하차한다.

09

인류의 역사를 찾아서
# 젠켄베르크
# 자연사 박물관

"오래된 지층 속에는
지금까지 알려진 그 어떤 것보다 인간을 더 닮은 유인원
또는 유인원을 더 닮은 인간의 화석 뼈가 묻혀 있어,
아직 태어나지 않은 고인류학자의 손길이
뻗치기를 기다리고 있다."
토머스 헉슬리, 영국의 자연 과학자

: : **관련 단원** 중학교 과학 1 생물의 구성  중학교 과학 3 생식과 발생
고등학교 생물 2 생명의 연속성

# 박물관에 아이들이 떴다!

사실 자연사 박물관은 각 나라의 고유한 특성을 보여 주는 곳은 아니다. 하지만 거대한 자연의 흐름을 살펴보는 것은 언제나 흥미로운 법. 게다가 젠켄베르크 자연사 박물관은 세계적으로도 손꼽히는 곳이 아닌가. 그냥 지나칠 우리가 아니다.

과연 공룡 뼈로 이름난 곳답게 포악한 육식 공룡 티라노사우루스와 엄청나게 큰 초식 공룡 디플로도쿠스가 박물관 건물 앞에서 가장 먼저 우리를 반겼다. 이른 아침인데도 젠켄베르크 자연사 박물관 앞은 많은 아이들로 북적이고 있었다. 견학을 온 아이들 같았다. 서양인답게 키는 컸지만 얼굴에는 아직 앳된 티가 남아 있었다.

잠시 주위를 둘러보던 빈샘이 대단한 거라도 발견한 듯 손뼉을 치며 외쳤다.

"똑같아, 똑같아!"

1 젠켄베르크 자연사 박물관 앞 도로 한가운데에 서 있는 티라노사우루스  2 박물관 앞 공터에서 입장을 기다리는 아이들

천방지축으로 뛰어다니면서 장난을 치는 그 아이들의 모습이 우리나라 아이들과 조금도 다르지 않았던 것이다.

　이 박물관에는 초등학생부터 고등학생까지를 대상으로 전문 가이드가 배치되어 있었다. 이러한 프로그램은 독일의 교육부와 협의하여 마련한 것이라고 한다. 인솔해 온 학교 교사에 의한 수업이 아니라, 박물관에 소속된 전문 가이드와 함께하는 수업이라……. 수업 내용도 한층 업그레이드될 뿐 아니라 시설에 대한 안내도 충실히 받을 수 있으니 여러 모로 바람직한 프로그램인 것 같았다.

　박물관 안으로 들어가자, 아이들은 특이한 전시물 앞에서 사진을 찍기도 하고 저희끼리 떠들기도 했다. 하지만 입장하기 전 천방지축으로 뛰어다니던 모습과는 사뭇 달랐다. 놀고 떠드는 와중에도 수업에 열중하는 모습은 그야말로 아름답기 그지없었다. 보고 있는 내가 다 흐뭇할 정도였다.

　박물관 안을 이리저리 뛰어다니던 한 아이가 화산 모형 앞에 서더니 가이드를 향해 말했다.

　"세바스찬, 이것 좀 설명해 주세요."

　"아, 이것은 지각 아래 있던 맨틀의 마그마가 지각의 약한 부분을 뚫고 나오는 것을 보여 주는 모형이야."

　가이드의 이름이 세바스찬인 모양이었다.

　"아, 이게 마그마구나. 이렇게 해서 화산 폭발이 일어나는구나. 어쩌고저쩌고……."

¹코끼리 전시관에서 초등학생으로 보이는 아이들이 사진을 찍으며 가이드의 설명을 듣고 있다. ²가이드가 코끼리의 진화에 대해 설명을 하는 동안 아이들은 신기한 듯 이곳저곳을 둘러보고 있다. ³인류의 진화 전시관에서 가이드의 설명을 열심히 듣는 독일의 고등학생들

신나게 뛰어다니다가도 궁금한 것이 있을 땐 두 눈을 반짝이며 집중하는 모습이 무척이나 귀여웠다.

젠켄베르크 자연사 박물관은 1821년, 의사인 젠켄베르크 박사의 개인 수집품에서 시작되었다. 괴테가 젠켄베르크 박사의 뜻을 기리고자 시민들과 힘을 모아 이 박물관을 설립했는데, 대지만 해도 6000m²에 이르러 유럽에서는 가장 큰 규모를 자랑하고 있다.

주로 선사 시대부터 오늘날까지의 파충류와 조류, 포유류 등의 화석과 광물을 전시하고 있는데, 특히 고생물학과 관련한 전시가 잘 되어 있다. 그중에서 어린이들에게 가장 인기가 있는 볼거리는 박물관 앞에서

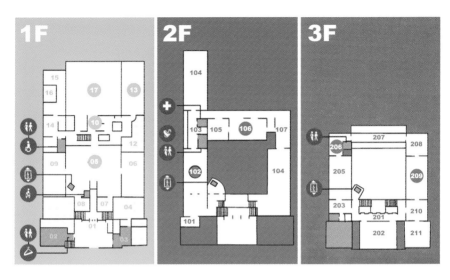

**젠켄베르크 자연사 박물관 배치도**

01 현관 입구
02 매점
03 기념품 가게
04 지빌라 메리안 전시관
05 공룡
05/11 익룡
06 해양 파충류 / 어류 화석
07 대체 천연가스의 역사
08 이집트 미라
09 무척추 동물의 화석 / 암석과 광물 / 운석
10 시조새 / 수생 포유류 / 화석
12/13 인류의 진화
14 태양계 / 화산과 지진
15 지구의 역사
16 세계 자연 유산
17 고래 / 코끼리

101 상설 전시장 1
102 포유류
103 거인과 난쟁이 / 인류의 발생
104 식물의 진화
105 극장
106 양서류와 파충류
107/108 조류
201 갤러리
202 강연장
203 스튜디오
204 식당
205 곤충
206 갑각류와 거미
207 집단 서식지
208 동물의 진화
209/210 어류
211 상설 전시장 2

본 티라노사우루스의 실물 크기 골격과 유럽에서 단 하나뿐인 디플로
도쿠스의 실제 뼈였다.

# 공룡과 친구 되기

입구와 연결된 전시실로 들어가 보니, 양쪽에 늘어선 공룡의 발자국 화석이 눈길을 끌었다. 화석을 따라가자 갑자기 넓은 공간이 펼쳐졌다. 공룡관이었다.

## 새야, 도마뱀이야?

공룡 전시관 옆에 딸린 작은 방에는 고생대와 중생대, 신생대에 이르는 생물들의 화석과 광물이 전시돼 있었다. 전시물 가운데 유독 눈길을 끌었던 건 시조새이다. 원래 이 이름은 '초기 날개(영어로 표현하면 early wing)'라는 뜻이다. 질 좋은 석회암으로 유명한 독일의 아이히슈테트 인근 지역에 광산이 있었는데, 그 안에서 많은 화석이 발견되었다. 채석장 주인은 이것을 팔아서 부수입을 챙겼겠지?

그런데 여기에서 깃털 화석이 있는 새(조류) 같기도 하고 도마뱀(파충류) 같기도 한 시조새 화석이 발견된 것! 화석이 발견된 지층은 중생대 쥐라기 지층이었고, 채석장 주인은 이것을 박물관에 높은 가격으로 팔았다.

이 시조새 화석은 도마뱀처럼 길쭉하고 둥근 머리를 가졌고, 턱에 13개의 이빨이 있다. 또한 날개에는 발톱이 3개가 나 있으며, 몸은 새처럼 깃털로 덮여 있다. 그런데 새들이 가지고 있으나 도마뱀에게는 없는 흉골은 발견되지 않았다. 진화론자들은 파충류에서 조류로 진화해 가는 과정의 존재로 주장하기도 했지만, 같은 쥐라기 지층에서 조류의 화석이 발견되면서 그 주장은 현재 지지를 받지 못하고 있다.

### Archaeopteryx

시조새의 화석과 실제 모습을 복원해 놓은 모형. 크기는 비둘기 정도이다.

1 프테로사우루스. 중생대에 하늘을 날아다녔던 공룡이다. 2 유럽에 단 하나밖에 없는 디플로도쿠스

"우아! 마치 공룡을 넓은 방에 풀어놓은 것 같아요."

이샘은 어린아이처럼 들뜬 목소리로 감탄사를 내뱉었다.

그도 그럴 것이, 전시된 공룡들이 저마다 다양한 자세를 취하고 있어서 살아 있는 듯한 느낌이 들었다. 천장에는 중생대에 하늘의 제왕이었던 프테로사우루스익룡의 거대한 골격이 매달려 있었는데, 날개를 쫙 편 모습이 금방이라도 나에게 날아들 것만 같았다. 프테로사우루스는 척추동물로는 처음으로 하늘을 날았던 것으로 알려져 있다.

그곳에는 다섯 종류의 공룡이 전시되어 있었다. 먼저 눈에 띈 것은 가장 큰 초식 공룡인 디플로도쿠스. 유럽에서 단 하나뿐인 전시물이다. 원래는 무게가 약 10t 정도, 앞뒤 길이가 최대 28m까지 되는 것도 있다고 한다. 젠켄베르크 자연사 박물관에 전시된 것은 18m 정도로 축소한 모형이었다. 디플로도쿠스와 함께 초식 공룡으로 트리케라톱스와 스테고사우루스, 오르니소포다가 전시되어 있었고, 그 옆으로 육식 공룡 중 제일 유명한 티라노사우루스가 보였다.

1 아이들에게 인기 만점인 공룡 맞추기 퍼즐 2 초식 공룡인 트리케라톱스 3 스테고사우루스. 트리케라
톱스와 마찬가지로 초식 공룡이다. 4 오르니소포다. 역시 초식 공룡이다. 5 우리에게도 익숙한 티라노
사우루스. 전시된 공룡 가운데 유일한 육식 공룡이다.

내가 열심히 사진을 찍고 있는 동안, 동작 빠른 이샘은 한쪽 구석에서 뭔가를 열심히 돌리고 있었다.

"헤헤, 이거 재미있네요. 홍샘, 이거 좀 맞춰 보세요. 유빈이가 왔으면 진짜 좋아했을 텐데."

초등학교에 다니는 이샘의 딸 유빈이를 떠올리게 했던 전시물은 바로 퍼즐이었다. 위아래를 축으로 올려진 세 개의 정육면체를 돌리면서 공룡의 모양과 뼈가 그려진 네 개의 그림을 맞추는 것이었다. 또한 벽면에는 자석으로 공룡 그림을 붙여 놓았는데, 이것 역시 여러 종류의 공룡 그림이 조각난 채 뒤섞여 있었다. 그 외에도 복잡한 그림 속에서 자신이 알고 있는 공룡을 찾아내는 전시물도 있었다. 독일 아이들은 이런 놀이를 통해 공룡과 더 많이 친해지겠지? 아, 부럽다.


## 우리의 조상은 원숭이가 아니다?


공룡 전시관에서 조금 더 안쪽으로 들어가니 인류의 진화를 볼 수 있는 전시관이 나왔다. 인간의 조상은 정말 원숭이일까? 정확히 말하자면 인간의 조상은 원숭이가 아니라 원숭이를 닮은 존재라고 해야 옳다. 그렇다면 원숭이와 인간의 차이는 무엇일까? 잠깐만 기다리시라. 이곳에서 그 차이를 확인할 수 있다.

주로 네발로 다니는 원숭이는 척추가 곧고, 팔과 다리의 길이가 거의 같다. 반면 인간은 골반이 커져 직립 보행을 할 수 있는 데다, 척추가 S자로 휘어져 있어서 걸을 때의 충격이 뇌로 직접 전달되지 않기 때문에 두뇌의 용량이 크다. 전시물을 둘러보다가 이샘이 갑자기 이렇게 물었다.

"골반이 큰 것과 직립 보행이 어떤 관계가 있는 거죠?"

"서서 걸으려면 두 다리로 몸을 지탱해야 하는데, 다리가 골반에 연결되어 있으니까 골반이 크면 더 안정적이죠. 네발로 걸으면 몸무게가 분산되니까 골반이 클 필요가 없고요."

동물의 안면이 튀어나온 정도를 각도로 잰 각을 안면각이라고 한다. 인간은 원숭이에 비해 안면각이 매우 크다. 인간의 진화 과정을 보면, 안면각이 점점 커지는 것을 알 수 있다. 안면각이 커지자 두 눈이 앞을 더 잘 볼 수 있게 되면서 입체감을 갖게 된 것이다. 안면각이 작으면 긴 코 때문에 시야가 겹쳐지는 부분이 적어져, 한쪽 눈으로만 보는 부분이 많아지고 앞보다는 옆을 주로 보게 된다. 그러나 안면각이 크면 얼굴이

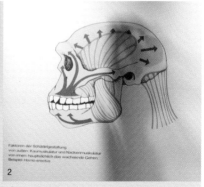

1 원숭이의 특징을 한눈에 볼 수 있는 전시물 2 인간의 뇌 용량은 원숭이에 비해 커졌다.

# 우리는 어떻게 변해 왔을까?

진화라는 말은 '좋게 변한다'는 뜻을 가졌지만, 실제로는 나쁘게(?) 변하는 것도 진화로 보아야 한다. 어느 쪽이든 진화가 뜻하는 핵심적인 개념은 생물이 '변화'한다는 것이기 때문이다. 인류의 진화란 인간이 어디에서부터 생겨났고 어떤 변화를 거쳐 현재의 모습이 되었는가를 나타낸다. 아주 오래전에는 인간의 조상이 어떤 형태였을까 하는 것이 논의의 대상이라는 얘기다.

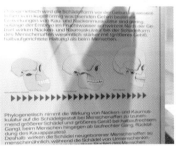

인간의 두개골 크기의 변화

여기서 인간을 어떻게 규정할 것인가가 중요한데, 인간은 정말 원숭이가 아니라 직립 보행을 하는 원숭이를 닮은 무리를 말한다. 인간으로 분류할 수 있는 대상을 인류라고 했을 때, 인류는 일반적으로 원숭이를 닮았다고 해서 원인(猿人), 원시적인 인간이라는 의미의 원인(原人), 현대인 직전의 구인(舊人), 현대인과 닮은 신인(新人), 그리고 현대인으로 나뉜다.

인간의 손은 연장을 다루기에 편하게 되었다.

가장 오래된 인류인 원인에는 오스트랄로피테쿠스가 있다. 그다음 단계의 원인은 호모 에렉투스라고 부르며, 자바 원인, 북경 원인, 하이델베르크 인 등이 있다. 구인은 호모 사피엔스로 불리는 약 20만 년 전 독일의 네안데르탈 인이고, 현대인 바로 직전인 신인은 호모 사피엔스 사피엔스로 불리며 프랑스에서 발견된 크로마뇽 인이 대표적이다. 이들은 모두 멸망하여 화석으로만 존재하기 때문에 화석 인류라고 부른다. 그들 이후에 지금의 현대인이 나타난 것이다.

평면적이 되기 때문에, 두 눈이 얼굴의 앞쪽에 위치한다. 그만큼 시야가 겹쳐서 물체를 볼 수 있는 범위가 넓어지면서 물체에 대한 입체감이 생기게 되는 것이다. 또한 인간은 엄지손가락이 나머지 손가락과 마주 닿을 수 있어 원숭이에 비해 연장을 다루기가 수월하다. 그 전시관에서는 이러한 내용을 그림으로 설명해 주고 있었다.

그곳에서 무엇보다 눈길을 끌었던 것은 최초의 인류에서 현대인에 이르기까지 인류의 두개골 변화를 나타내는 전시물이었다. 최초의 화석 인류인 오스트랄로피테쿠스 '남쪽의 민꼬리원숭이'란 뜻이며, 현생 인류의 조상으로 추정부터 호모 하빌리스능력 있는 사람, 호모 에렉투스직립 원인, 호모 사피엔스생각하는 사람의 두개골이 한자리에 모여 있었다.

특히 가장 오래된 인류의 화석으로 밝혀진 루시가 인상적이었다. 오스트랄로피테쿠스인 루시를 복원해 보면 120cm의 키에 30kg의 몸무게, 구부정한 어깨를 가졌다. 사람보다는 유인원에 가까운 모습이다. 그녀의 두개골에 붙은 사랑니가 닳은 것으로 보아, 사망 당시의 나이는 25~30세였을 것으로 추정하고 있다. 그리고 뼈가 온전하게 보존된 것으로 보아, 사자나 하이에나와 같은 맹수의 공격은 받지 않은 듯하다. 루시의 뼈는 가지런히 놓인 채 퇴적층에서 300만 년가량 지내다가 인류학자 요한슨에게 발견되었다.

우리는 독일의 하이델베르크 근처에서 발견된 화석 인류 중 하나인 하이델베르크 인을 복원한 전시물도 볼 수 있었다. 현재 하이델베르크 인은 호모 에렉투스로 분류되고 있다. 이들은 얼굴이 둥글고 안면각이

¹오스트랄로피테쿠스 ²호모 하빌리스와 호모 에렉투스 ³호모 사피엔스 ⁴의식에 쓰인 인간의 머리 ⁵하이델베르크 인

La Chapelle aux Saints
☆

Monte Circeo ☆

Teshik Tash ☆

fertigte Modelle eingefügt. Anschließend
erfolgt die Feinarbeit: Lippen, Falten und
Gesichtsausdruck werden modelliert.

Keine Haare?
Auf die Rekonstruktion von Haaren wurde
bewusst verzichtet, weil durch die Wahl
der Haartracht sehr leicht eine bestimmte
Wirkung erzielt werden kann, die mehr den
Vorstellungen des Rekonstrukteurs vom
Wesen des Neandertalers entsprechen
würde, als dem Ergebnis wissenschaftlicher
Auswertungen. Ebenso wurden die Gesich-
ter nicht eingefärbt. Diese Details bleiben
der Phantasie des Betrachters überlassen.

1974년 11월 30일, 에티오피아의 하다르를 지나는 아와시 강가. 화석 사냥꾼이자 인류학자인 도널드 요한슨 일행은 몇 주일째 이 부근에서 화석을 찾고 있었다.

이곳의 퇴적층은 약 200만 년 전에 호수 바닥에 쌓인 것으로, 호수는 이미 오래전에 말라붙었다. 그 후 비가 내리면서 퇴적층들 사이에 협곡들이 생겨났고, 그 때문에 화

루시의 앞모습과 옆모습

석들이 지표면에 드러나게 되었다.

요한슨의 이야기를 빌리면, 이날은 아침부터 일생에 몇 번 찾아올까 말까 한 운명의 날이라는 느낌을 받았다고 한다. 우리에게도 이런 날이 올까? 어쨌든 요한슨은 아침 일찍 지프차를 타고 계곡의 퇴적층 여기저기를 조사해 보았으나 정오가 될 때까지 아무것도 발견하지 못했다. 설상가상으로 온도는 45℃까지 올라가 더 이상 탐사가 불가능할 지경이었다.

그런데 마지막으로 한 번만 더 둘러보고 막 떠나려 할 즈음에 비탈진 땅에 뭔가가 있었다. 바로 루시의 팔다리, 척추와 골반뼈, 갈비뼈, 두개골의 일부였다. 한 사람의 완전한 뼈대를 거의 발견한 것이었다. 이것은 실로 엄청난 사건이었다. 그들은 흥분하여 캠프로 돌아오면서 연신 경적을 요란하게 울리며 이렇게 소리쳤다.

"우리가 해냈어요! 우리가 완전한 인류 화석을 발견했어요!"

캠프는 순식간에 열광의 도가니에 휩싸였고, 그때 누군가가 틀어 놓은 비틀스의 〈Lucy in the Sky with Diamonds〉라는 노래가 울려 퍼졌다. 요한슨은 그 순간을 기념하기 위해 새로 발견한 화석에 루시라는 이름을 붙여 주었고, 우리는 여전히 그 화석을 루시라고 부르게 되었다.

작아 현대의 유럽 인들과는 많이 다르다.

"이샘, 이게 뭔지 알아요?"

전시된 두개골과 머리카락이 좀 이상하게 보여 이샘에게 물어보았다. 그림 설명을 보면 오렌지 크기만 한 머리를 끓이고 있는 듯한데, 음식을 요리하고 있는 것 같진 않았다. 나중에 알고 보니 인간의 머리가 맞긴 했다. 그것은 남아메리카의 슈아르 부족한테서 얻은 것으로, 적의 머리를 잘라 두개골을 들어내고 지방과 살을 제거한 뒤, 거기에 모래와 돌을 넣어 다시 사람의 형태로 만든 것이었다. 내가 본 그림은 그 과정을 설명하고 있었다. 부족의 승리를 축하하기 위한 것이기도 하고, 종교 의식 중 하나로 치러진 것이기도 하다. 그런데 왜 그 머리가 여기에 전시되어 있는 것일까? 혹시 그림 설명과 달리, 두개골을 이용하여 인간의 얼굴을 복원하는 기술을 보여 주기 위한 건 아닐까? 지구는 넓으니까 다양한 문화가 있는 것은 당연하겠지만, 꿈에 나올까 봐 무서운 끔찍한 광경이었다.


## 고생물학의 보물 창고, 메셀 피트


인류의 진화관 반대쪽은 메셀 화석의 전시관이었다. 메셀 지역은 과거에 호수 지역이었기 때문에 어류와 파충류의 화석이 많이 발견되었다. 프랑크푸르트에서 가까운 이 지역에서 발견된 화석 중 대표적인 것은 개만 한 크기의 말의 조상, 프로팔레오테리움이다. 그것은 호수가 생기기 전에 그곳이 들이나 습지여서 말들이 뛰어놀던 장소였다는 것을 알려 준다.

"홍샘! 말발굽은 1개 아닌가요?"

호기심 많은 빈샘이 프로팔레오테리움 화석을 뚫어지게 바라보다가 질문을 던졌다.

"그러게요. 지금 말발굽은 하나인데 이 화석은 앞발가락이 4개, 뒷발가락이 3개네요."

화석을 통해 과거의 생물과 현재의 생물을 비교하는 것도 꽤나 즐거운 일이었다.

메셀 피트 유적이 유네스코 자연 유산에 등록된 것은 시민운동의 승리라고 할 만하다. 지방 자치체의 단체장들은 1971년에 조업 이익을 내지 못하고 폐광된 광산을 각종 산업 폐기물의 투기장으로 만든다는 방침을 발표했다. 그런데 이 광산의 암반층은 기원전 5700만 년에서 3600만 년 사이의 신생대 제3기 시신세의 자연환경과 포유류 및 식물의 화석을 매우 잘 보존하고 있어서, 신생대의 환경을 알 수 있는 고생물학의 보물 창고였다. 이 지역의 고고학적 가치를 인식한 시민과 과학자들은 16년 동안 쉼 없이 시민운동을 벌인 끝에, 1995년 폐기물 투기 계획을 중지시켰을 뿐만 아니라 이 화석층을 자연 유산으로 등록하게까지 하였다. 실제로 과학자들은 1995년 여름의 조사만으로도 식물 화석 1863점, 어류 화석 346점, 조류 화석 14점, 박쥐 화석 10점, 파충류 화석 3점을 발견했다.

1 메셀 지역 화석 전시관 2 조상 말 화석과 복원 모형 3 메셀에서 발견된 악어와 물고기 화석 4 박쥐 화석 5 유네스코 자연 유산 지정 증서 6 모형으로 만든 메셀 피트의 발굴 장면

**Welterbestätte Grube Messel**
Informationen und Führungen

UNESCO
GRUBE MESSEL

**Informationen:**
an der Grube Messel (Parkplatz):
April-Oktober täglich von 10.00 bis 15.00 Uhr

**Führungen in der Grube in 2004:**
Kurzführungen (Dauer 45 Minuten)
für Gruppen bis 7 Personen:
Samstag und Sonntag 11.00 Uhr und 15.00 Uhr

| | | |
|---|---|---|
| Kosten: pro Gruppe (bis 7 Personen) | | € 35,00 |
| bzw. ab 7 Personen pro Erwachsener | | € 4,50 |
| pro Kind (ab 1 Meter Grösse) | | € 4,00 |
| Kurzführungen nach Terminvereinbarung (1 Stunde, 1-10 Personen) | | € 70,00 |

Mehrstündige Führungen (2-4 Stunden) in die
Grube und Kombinationsprogramm mit
Museumsbesuch (3 Stunden) auf Anfrage.

**Auskunft:**
Welterbe Grube Messel gGmbH
Postfach 1158, D-64409 Messel
Tel.: 06159 – 717535
Fax: 06251 – 7079925
e-mail: info@grube-messel.de
www.grube-messel.de

# 아이가 어떻게 생기냐고? 그 비밀을 알려 주마!

2층 포유류 전시관에는 수십만 점의 포유류 박제가 전시되어 있었다. 가장 먼저 관람객을 반기는 것은 입구에 전시된 침팬지 가족과 고릴라였다. 그 옆으로 최근 수가 급격히 줄어들어 멸종 위기에 처한 오카피의 박제가 있었다.

"오카피, 생긴 것 좀 봐! 이건 어떤 동물일까?"

빈샘이 흥미로운 눈빛으로 오카피를 바라보며 물었다. 그러자 이샘이 마치 탐정 같은 자세를 취하더니 오카피의 아래위를 훑기 시작했다.

"다리에는 얼룩이 있고, 머리에는 뿔이 달렸고, 몸은 당나귀만 하네. 글쎄요, 잘 모르겠는데요."

이샘의 대답을 기다리던 빈샘은 이내 허탈한 표정을 지었다. 그렇다면 이번엔 내가 나설 차례.

"오카피는 기린하고 아주 가까운 동물이에요. 프랑크푸르트 동물원에 가면 실제로 볼 수 있다고 하니 그때 더 얘기하도록 하죠."

내 설명도 빈샘을 만족시키지는 못했지만, 우리는 동물원을 기약하며 발걸음을 돌렸다.

유리 상자에 갇힌 채 전시실을 빼곡이 채우고 있는 포유류들……. 이미 생명을 다한 동물들이 금방이라도 살아 움직일 것처럼 생생하게 전시되어 있으니 오히려 묘한 쓸쓸함이 느껴졌다.

그런데 이건 무슨 소리지? 한쪽 구석에서 아이들이 키득거리는 소리가 들렸다. 한 아이가 뭐라고 귓속말로 속삭인 뒤 어딘가로 가자 다른 아이들이 그 뒤를 따라갔다. 독일어라 제대로 알아들을 수는 없었지만 뭔가 재미있는 것이 있을 듯해서 나도 뒤따라가 보았다.

아이들이 도착한 곳은 포유류 전시관 한편에 마련된 '인간 배아 전시관'이었다. 그곳에는 수정에서 출생에 이르는 과정이 파노라마처럼 펼쳐져 있었다. 게다가 전시관 입구에는 엄마와 아빠가 사랑을 나누는 장면이 꽤나 적나라하게 표현되어 있었다. 그러면 그렇지. 녀석들, 이걸 보고 재미있어 했구나! 역시 아이들의 호기심엔 국경이 없는걸, 하고 생각하니 절로 웃음이 새어 나왔다. 우리나라 박물관에서는 상상도 못

1 포유류 전시관의 모습  2 멸종 위기에 처한 오카피  3 관람객들을 능청스러운 표정으로 내려다보는 고릴라

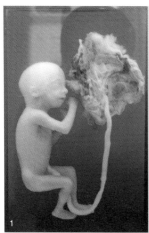

¹태아와 자궁, 그리고 그것을 연결해 주는 탯줄 ²부모의 사랑으로 수정란이 생긴다. ³태아의 성장 과정을 보여 주는 전시물 ⁴인간 배아 전시관의 모습

할 일이겠지? 만약 이런 전시물이 생긴다면 인기 폭발일 텐데…….

그곳에는 수정에서 출산까지의 모든 과정이 단계별로 소개되어 있을 뿐 아니라, 각 단계에 해당하는 동영상이나 표본을 통해 이해를 돕고 있었다.

부모의 사랑으로 정자와 난자가 만나면 생명의 시작이라고 할 수 있는 수정란이 생겨난다. 이 수정란은 곧바로 세포 분열을 하면서 자궁으로 이동하여 착상을 하게 되는데, 이것이 바로 임신이다. 이때의 어린

개체를 배 혹은 배아라고 하며, 이후에는 태아라고 부른다.

어린 개체는 자궁에서 자라며 필요한 양분을 탯줄을 통해 전달받는데, 출산 후에는 모체로부터의 양분과 산소 공급선인 이 탯줄을 잘라 내면서 하나의 독립된 개체가 되는 것이다. 이곳에서는 출산 장면도 있는 그대로 보여 주고 있었다. 아이가 어떻게 태어나는지 궁금한 사람이라면 굳이 난감한 질문으로 부모님을 곤란하게 하지 않아도 이곳에서 확실하게 알 수 있을 듯했다.


## 꼭 하늘을 날아야만 새인가?

박물관 3층은 박제된 조류틀로 꾸며져 있었다. 가장 눈길을 끈 것은 현존하는 새 가운데 가장 크다는 타조. 타조 옆에는 타조를 닮은 레아와 에뮤가 있었다.

"이샘, 이리 와서 서 봐요. 사진 찍어 줄게."

"이야, 애들은 이샘보다도 키가 훨씬 크네!"

이샘이 출구 쪽에 전시된 타조의 뼈 앞에 서자 너무나 왜소해 보였다. 타조가 장대한 새이긴 한 모양이었다.

타조는 주로 아프리카에 서식하지만 얼마 전부터 우리나라에서도 농장을 만들어 기르고 있다. 타조 알은 1.5kg으로 계란 35개 정도와 맞먹는다. 날개가 있는데도 날지 못하는 타조는 대신 시속 90km까지 달릴 수 있을 만큼 달음박질을 잘한다. 타조처럼 달리기는 잘하지만 날지는 못하는 큰 새를 주조류走鳥類 라 부르기도 한다.

"홍샘, 타조는 날 수 있는 새하고 뭐가 다른가요?"

"보통 새들은 가슴뼈에 알찬 힘살이 붙어 있어요. 그 힘으로 날개를 쳐서 하늘을 나는 거죠. 그렇지만 타조와 같은 주조류는 가슴살이 적어서 하늘로 뜰 만한 힘이 없는 거예요. 그리고 보통 새들은 뼛속이 비어 있어 몸이 가벼운 데 반해 타조는 꽉 차 있지요."

"그러면 날개는 아무런 역할도 하지 않나요?"

"그렇지는 않아요. 타조는 뜀박질을 할 때 날개를 펼쳐서 몸의 균형을 잡아요."

1 보는 사람을 압도하는 타조의 뼈대 2 레아의 모습 3 남극의 펭귄들 4 큰바다쇠오리의 알과 뼈대, 그리고 박제

역시 적재적소에서 빛을 발하는 빈샘의 날카로운 호기심이었다. 학생들도 빈샘처럼 질문을 많이 하면 수업이 훨씬 더 재미있을 텐데⋯⋯.

'남아메리카타조'라고도 불리는 레아 역시 타조처럼 날지 못하고 땅위에서 산다. 발굽이 3가닥이고, 넓적다리에는 깃털이 없으며, 타조가 가진 아름다운 장식깃도 없다. 하지만 초원을 달리는 모습은 영락없이 타조를 닮았다. 오스트레일리아에도 타조처럼 생긴 에뮤라는 새가 있다. 이 새 역시 발가락이 3개이고, 장식 깃털이 없다. 날개는 흔적만 있을 뿐, 거친 깃털이 삐죽삐죽 나와 있다.

## 펭귄에도 원조가 있다?

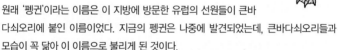

현재 지구상에는 16종의 펭귄이 있다. 모두 남극과 그 주변에서 서식하며 북반구에는 한 종류도 없다. 그러나 19세기 후반까지 북대서양에 큰바다쇠오리로 불리는 펭귄이 존재했다. 이 큰바다쇠오리는 전체 길이 약 80cm, 체중 5kg 정도의 크기로, 작게 퇴화한 날개와 뚱뚱한 배, 물갈퀴가 붙은 다리를 갖고 있어 펭귄과 흡사하다.

그러나 그들은 현존하는 펭귄들과는 완전히 다른 종에 속한다. 서식지는 북대서양의 폭넓은 섬들. 주로 캐나다 동해안의 섬을 중심으로, 아이슬란드나 영국의 스코틀랜드, 그린란드, 노르웨이 등의 바다에 있는 섬들이었다.

원래 '펭귄'이라는 이름은 이 지방에 방문한 유럽의 선원들이 큰바다쇠오리에 붙인 이름이었다. 지금의 펭귄은 나중에 발견되었는데, 큰바다쇠오리들과 모습이 꼭 닮아 이 이름으로 불리게 된 것이다.

큰바다쇠오리는 현재의 펭귄과 같이 바다에서 물고기를 잡아먹었다. 이처럼 바다에서의 생활에 적응한 결과, 날개가 퇴화해 날 수 없게 된 것. 대신 헤엄치는 데 적합한 체형과 물갈퀴를 가진 다리를 갖게 되었다고 추측된다. 육지에서 바다에 적합한 모습으로 진화한 고래처럼, 큰바다쇠오리 역시 환경에 적응하여 바다에 사는 물고기들을 닮은 모습으로 진화했다. 이와 같이 동일한 환경 조건에서 닮은 모습으로 변화하는 것을 '수렴 진화'라고 한다.

참, 날지 못하는 새 이야기를 하면서 남극에 사는 펭귄을 빼놓을 순 없지. 펭귄은 적도 지방인 갈라파고스까지 넓게 퍼져 있지만 북극에는 살지 않는다. 이곳 자연사 박물관에는 남극 지방의 펭귄 가족도 박제되어 있다.

공룡을 비롯하여 포유류, 조류, 파충류, 곤충, 식물 등 수많은 전시물을 관람하면서 특히 좋았던 것은, 현재 지구상에서는 찾아볼 수 없는 생물들을 만나 볼 수 있었다는 점이다. 동시에 그 많은 멸종 동물들이 결국 인간의 탐욕에 의해 사라져 버렸다는 생각에 가슴이 먹먹해졌다. 전시관 유리창 너머에 있는 박제가 되어 버린 동물들의 눈을 쉽사리 바라보지 못했던 건 어쩌면 그 때문인지도 모른다. 홍샘

젠켄베르크 자연사 박물관 찾아가기

**홈페이지** ▶ http://www.Senckenberg.de/

**주　　소** ▶ Senckenberg Research Institute and Natural History Museum
Senckenberganlage 25 60325 Frankfurt am Main

**교 통 편** ▶ S반 : S3, S4, S5, S6 - Westbahnhof 역에서 하차한 뒤 도보로 10분 거리
U반 : U6, U7, U4 - Bockenheimer Warte 역에서 하차한 뒤 도보로 3분 거리
버스 : 32번 - Senckenbergmuseum에서 하차
트램 : 16번 - Bockenheimer Warte 역에서 하차한 뒤 도보로 5분 거리

**개관 시간** ▶ 평일 09:00~17:00 (수요일 09:00~20:00, 토~일 09:00~18:00)

**입 장 료** ▶ 일반 6유로, 학생 4유로

**가이드 투어** ▶ 예약은 필수. 독일어로 안내를 하는데, 영어로 통역하는 투어 프로그램도 있다.

# 동물을 위한 동물원
# 프랑크푸르트 동물원

보통 동물원에서는 사람이 동물을 구경한다. 동물들은 우리에 갇혀 있고, 사람들은 자유롭게 활개를 치며 다닌다. 그래서 가끔 동물원의 동물들이 불쌍하게 여겨질 때도 있다. 동물원이 동물을 가두는 감옥은 아닐까, 하는 의심이 드는 것이다.

그러나 프랑크푸르트 동물원에서는 그런 걱정을 할 필요가 없다. 이곳에선 사람들의 구경거리를 위해 동물들을 우리에 가두어 두는 대신, 동물들이 자연 상태에서 서식했던 환경을 누릴 수 있도록 최대한 배려한다. '동물 민주주의'가 실현된 동물원! 이것이야말로 모든 동물들이 꿈꾸는 동물원이 아닐까.

프랑크푸르트 동물원은 1858년 프랑크푸르트 동물학회에 의해 설립되었다. 제1·2차 세계 대전을 거치면서 파괴된 동물원을 지메크 박사가 현재의 자리에 복원하였으며, 운영은 시에서 하고 있다. 이 동물원의 필요성과 운영 방침에 대해 동물 학자인 헤디거 박사는 이렇게 말한다.

"동물에 대한 진정한 사랑은 동물에게 나름의 생물학적 요구 사항을 최대한으로 고려해 주는 것이죠."

¹동물원 입구에 있는 동물원 관리 동. 처음 방문한 사람들은 이 건물 뒤에 큰 동물원이 있으리라 생각하기 쉽지 않다. ²동물원 매표소 ³사자 우리에 유리를 설치해, 가까이에서도 볼 수 있게 했다.

프랑크푸르트 동물원은 모두 네 가지의 기능을 수행한다고 한다. 우선 현대인에게 자연환경 속의 동물을 접하게 하는 것. 매일 콘크리트 건물만 접하는 도시 사람들에게 자연계에서 서식하는 생물들에 대한 인식을 넓혀 주는 일은 생활을 풍요롭게 하는 하나의 좋은 방법일 수 있다. 둘째, 동물 교육의 장이 되는 것. 특히 어린이들에게 자연 상태에 가까운 동물을 소개한다면 훌륭한 자연 교육, 환경 교육이 될 수 있다. 셋째, 동물의 특성과 행동을 연구하는 일. 동물 학자 같은 전문가들도 동물원에서 많은 것을 얻는다. 넷째, 서식지 감소나 밀렵 등으로 멸종 위기에 처한 동물을 보존하는 것. 동물원이 단순히 동물을 가둬 놓는 곳이 아니라 새로운 서식지로서의 역할을 할 수도 있다는 발상이다.

현재 프랑크푸르트 동물원에서는 600여 종 이상, 4750 표본 이상의 동물들을 만날 수 있다. 배치도를 보니 곰이나 대형 고양이과 동물을 모아 놓은 곳, 수족관, 지메크 전시관, 그리고 파충류, 조류, 원숭이, 유인원, 코뿔소, 기린, 바다표범, 얼룩말, 낙타 등이 사는 곳, 어린이 동물원, 연못 등 총 13개 구역으로 나뉘어 있었다.

맹수들이 사육되는 곳은 유리나 인공 수로 같은 자연 장벽으로 격리시켜 관람자를 보호하고 있었다. 또한 주요 관람로를 통해 휠체어가 지나갈 수 있도록 하였고, 계단 등 장애물이 없어 몸이 불편한 사람들도 어렵지 않게 관람할 수 있도록 배려해 놓았다.

우선 유인원 전시관을 좀 둘러볼까? 이곳에서는 보노보와 침팬지, 오랑우탄, 고릴라 같은 유인원을 볼 수 있었다. 특히 높은 지능을 자랑하는 보노보는 인간과 가장 가까운 동물로 분류된다. 모계 중심의 보노보는 구성원들의 평등을 실천하는 동물이다. 전쟁보다는 사랑을 선호하는 평화로운 동물인 것

¹맹수들이 살고 있는 곳과 관람로 사이에는 인공 연못을 만들어 격리시켰다. ²산책 중인 쌍봉낙타 들 ³일광욕을 즐기는 바다표범

이다. 지메크관은 야행성 동물관. 담당자는 과학적 연구 결과를 동물원 책임 자에게 보고하도록 되어 있다.

키다리 기린이 사는 기린관에 가 보았다. 그런데 당나귀만 한 기린이 있는 게 아닌가. 다리에는 얼룩무늬가 있어 얼룩말처럼 보이기도 하고, 수컷의 머 리에는 뿔이 있어서 사슴 같기도 하고, 기린 같기도 한……. 앗! 그러고 보니 젠켄베르크 자연사 박물관에서 빈샘이 궁금해 하던 오카피가 아닌가. 오카피 는 기린의 일종으로 분류된다. 2003년 국제 자연 보호 협회IUCN는 '위험성이 낮은 준절멸 우려종'으로 분류하고 있다. 멸종 위기 종 가운데 그다지 위험도 가 높은 것은 아니지만, 서식 지역이 제한되어 있기 때문에 환경 변화에 의하 여 자칫 한꺼번에 멸종해 버릴 수 있으니 관심을 가져야 하는 동물이라는 것 이다.

¹원가를 열심히 궁리 중인 보노보. 침팬지보다 사람과 더 비슷하다. ²비싼 뿔을 가진 코뿔소. 무분별한 밀렵 때문에 멸종 위기에 몰렸다고 한다. ³오카피는 기린과에 속한다. ⁴지메크관 입구. 박쥐 모형이 붙어 있다. ⁵야행성 동물의 일종인 캥거루쥐 ⁶European Endangered Species Programme(EEP) 마크. 프랑크푸르트 동물원에서도 이 프로그램을 시행하고 있다.

이 동물원에서는 특히 멸종 위기 동물에 대한 보존 노력이 인상적이었다. 자연 상태의 서식지가 아니면 잘 살지 못하는 오카피나 검은 코뿔소 등을 성공적으로 길러 낸 유럽 최초의 동물원이 바로 이곳이라고 한다.

이곳은 동물들을 모아 놓은 동물원이지만 때로는 동물들을 풀어 주기 위해 데려오기도 한다. 멸종 위기의 동물들을 천적이나 질병의 위협, 또는 사냥 당할 위험으로부터 격리시켜 어느 정도 성장할 때까지 키운 다음, 원래 살던 서식지로 되돌려 보내는 프로그램이 운영되고 있는 것.

코뿔소도 그중의 하나다. 코뿔소는 비싼 뿔 때문에 밀렵의 대상이 되어 왔으며, 암시장에서 거래되는 뿔은 가루로 변형되어 아시아에서 약의 재료로 사용되고 있다. 프랑크푸르트 동물학회 주관으로 프랑크푸르트 동물원에서 코뿔소 종 보호 프로그램을 실시한 결과, 남아프리카의 국립 공원에 있는 코뿔소의 숫자가 1980년대에 20여 마리에 불과했던 것이 현재 350마리로 늘어났다고 한다.

사람이 아닌 동물을 위한 동물원. 동물원에 있는 동물을 단지 구경거리로만 생각했던 나 자신이 부끄러웠다. 동물들을 진심으로 배려하는 프랑크푸르트 사람들의 따뜻한 마음에 깊은 찬사를 보내고 싶다.

프랑크푸르트 동물원 찾아가기

**홈페이지** ▶ www.zoo-frankfurt.de

**교 통 편** ▶ 프랑크푸르트에서 지하철을 타고 Zoo 역에 하차. 도보로 1분 정도 걸린다.

**개관 시간** ▶ 4월~10월 09:00~19:00, 11월~3월 09:00~17:00(연중 무휴)

**입 장 료** ▶ 일반 7유로, 어린이 3유로

**특      징** ▶ 야행성 동물의 생태를 주간에도 관찰할 수 있도록 꾸민 야행성 동물관도 있다.

Freiburg

10

# 태양에서 미래를 찾는 도시
# 프라이부르크

"우리는 이제 화석 연료 환경의 절대적 한계로
급속히 다가가고 있다. 완전 고갈이라는 벽에
부딪힐 때까지 아무 대책도 세우지 않는다면,
우리는 아무런 방패도 없이
딱딱한 벽을 그냥 들이받게 될 것이다."

제레미 리프킨, 《엔트로피》 중에서

: : **관련 단원** 고등학교 과학 에너지 | 고등학교 화학 1 주변의 물질

# 태양을 찾아서 코난이 간다!

"푸른 바다 저 멀리~ 새 희망이 넘실거린다. 하늘 높이, 하늘 높이~ 뭉게구름이 피어난다."

만화 영화 〈미래 소년 코난〉의 주제곡이다. 이 익숙한 노래를 듣다 보면 코난과 라나, 포비가 자연스레 떠오르는 사람들이 많을 것이다. 그런데 이 만화 영화의 시작이 꽤나 의미심장하다는 것도 기억할까?

"서기 2008년 7월, 인류는 전멸이라는 위기에 직면해 있었다. 핵무기를 훨씬 능가하는 초자력 무기가 세계의 절반을 일순간에 소멸시켜 버린 것이다. 지구는 일대 지각 변동을 일으켜 지축은 휘어지고, 다섯 개의 대륙은 거의 대부분 바닷속에 가라앉아 버렸다."

〈미래 소년 코난〉은 인류의 대부분이 전쟁으로 멸망해 버린 미래를 배경으로, 새로운 에너지를 이용해서 지구를 지배하려는 나쁜 집단의 음모에 맞서 싸우는 코난 일행의 모험을 그리고 있다. 그렇다면 그들이 차지하려고 하는 새로운 에너지는 무엇일까? 그 비밀의 에너지는 바로 태양 에너지이다.

만화 속, 먼 미래였던 2008년이 어느덧 과거가 되어 버린 지금, 우리는 어떤 시대를 살고 있을까? 인류가 한순간에 멸망할 수도 있는 '핵'의 시대. 현대 사회를 지탱해 온 석유라는 에너지가 고갈되어 가는 위기의 시대. 안타깝게도 코난에서 그려지는 시대와 그다지 달라 보이지 않는다.

자, 이제 우리도 고갈될 염려가 없고 환경 문제를 일으키지 않는 새로

운 에너지원인 태양 에너지에 주목해야 할 때가 온 것이다.

독일 서남단에 위치한 작은 도시, 프라이부르크의 별칭은 '태양의 도시'이다. 독일 최고의 환경 도시이며 태양 에너지 이용을 가장 잘 실천하고 있는 곳이기에 붙여진 이름이다. 우리 일행은 마치 미래 소년 코난이라도 된 듯 태양 에너지를 찾아 프라이부르크로 향했다. 그런데 프랑크푸르트에서 기차로 2시간 10분이나 걸린다고? 에휴……, 역시 지구를 구하는 일은 쉽지가 않구나.

## 자전거 우대! 자동차 구박?

프라이부르크 중앙역에 내리자 이 도시의 상징, 솔라 타워가 제일 먼저 눈에 들어왔다. 건물의 한쪽 면이 태양 전지판으로 덮여 있고 나머지

¹솔라 타워의 외관 ²모빌레의 한가운데에 태양 전지판이 설치되어 있다. ³, ⁴자전거 주차장인 모빌레의 안과 밖

면은 모두 유리로 된 솔라 타워가 햇빛을 받아 푸르게 빛나고 있었다.

'역시 태양의 도시답게 처음부터 태양 전지판이 눈에 띄는구나. 이제 본격적인 탐색을 시작해 볼까?'

태양의 기운을 받아서일까? 트램 정거장을 찾아 나서는 발걸음에 힘이 실렸다.

트램 정류장을 찾다가 우연히 자전거 주차장인 '모빌레'를 발견했다. 세계에서 자전거 이용이 가장 활발한 나라답게, 독일에서는 자전거가 세워져 있는 모습을 쉽게 볼 수 있었다. 하지만 자전거만의 주차장 건물이 따로 있을 줄이야! 궁금한 마음에 안으로 들어가 보니, 수많은 자전거가 빼곡하게 주차되어 있었다. 그리고 그 가운데에 태양 전지판이 높다랗게 세워져 있었다.

트램 정류장에서 내려다본 중앙역. 기차 선로와 버스 승강장이 한눈에 들어온다.

## 프라이부르크의 교통 체계

프라이부르크의 교통 정책은 대중교통 이용을 확대하고 자동차 이용을 억제하는 데 초점을 맞추고 있다. 이를 자연스럽게 유도하기 위한 방법은 간단하다. 보행, 자전거, 대중교통 수단을 편리하고 매력적인 것으로 만들어서 사람들이 스스로 자동차를 이용하지 않도록 하는 것이다.

이런 이유로 프라이부르크는 대중교통이 아주 잘 발달해 있다. 노면 전차인 트램과 버스를 이용하여 도시의 거의 모든 곳을 갈 수 있고, 정액권으로 모든 대중교통 수단을 저렴하게 이용할 수 있다. 자전거 전용 도로와 자전거 주차장이 곳곳에 마련되어 있는 것은 물론, 보행자를 위한 배려도 훌륭하다. 특히 뮌스터 성당을 중심으로 한 시내 중심가는 자동차가 들어갈 수 없는 보행자 천국이다.

한편 시내 모든 주택가는 '자동차 속도 제한 구역'이다. 실제로 이 정책을 실시한 이후, 주택가에서 자동차 배기가스나 소음이 줄었고 교통사고도 거의 사라졌다고 한다. 트램의 경우 소음을 줄이기 위해 바퀴를 금속 대신 고무 타이어로 만들었으며, 주택가 인근 선로에는 잔디를 심어 소음을 흡수하도록 했다.

시내 모든 주택가의 자동차 제한 속도는 시속 30km이다.

자전거 전용 도로와 보행자 도로는 때로는 따로, 때로는 나란히 간다.

모빌레를 다 둘러본 뒤 2층 출구로 나갔더니, 바로 트램 정거장으로 연결되어 있었다. 그런데 차들이 너무 천천히 달리는 것이 아닌가. '아우토반'으로 유명한 독일 맞아? 자세히 보니 주차장 바깥의 도로는 자동차 최대 속도가 시속 30km로 제한되어 있었다. 최대 속도가 시속 30km라니⋯⋯. 차라리 자전거가 더 빠를 것 같았다. 중앙역 앞에 자동차 주차장 대신 자전거 주차장이 있는 것이나, 자동차의 속도를 이렇게 제한하는 것에서 환경 도시 프라이부르크의 기본 정신이 엿보였다.

## 환경 수도에서 태양의 도시까지!

프라이부르크는 서울의 약 4분의 1 정도 크기를 가진 인구 20만의 중소 도시로, 독일 최대의 삼림인 흑림黑林에 둘러싸여 있다. 포도주 산지로도 유명하며 인구 7명 중 한 명이 학생인 대학 도시이기도 하다. 그렇다면 프라이부르크는 어떻게 환경 도시로 거듭나게 되었을까? 그 계기가 된 것은 바로 원자력 발전소 반대 운동이었다.

1970년대 초, 독일 정부는 프라이부르크 인근에 원자력 발전소를 건설하려는 계획을 세웠다. 그러자 이 지역의 아름다운 자연이 그대로 보전되기를 원했던 주민들이 나서서 원전 반대 운동을 펼쳤다. 그 과정에서 자연스럽게 주민들의 환경 의식이 높아지게 되었고, 환경을 지키기 위해서는 스스로 실천하는 모습을 보여야 한다는 합의가 이루어졌다. 또한 여기에는 프라이부르크 시민들이 사랑하는 흑림의 나무들이 산성비로 죽어 가는 것을 지켜봐야 했던 충격이 한몫을 했다.

또한 프라이부르크는 친환경 정책을 효과적으로 추진하기 위해 대도

대기 오염 수치를 나타내는 계기판

시로는 최초로 환경 보호국을 설치했고, 이후 그것을 환경부로 승격시키면서 에너지·교통·쓰레기 문제에 대한 종합적인 정책을 세우고 이를 체계적으로 실천해 왔다.

이러한 노력을 인정받아 1992년에 독일 환경 원조 재단이 주최한 지방 자치 단체 경연 대회에서 1위를 차지하며 명실상부한 '환경 수도'로 선정되었다. 뿐만 아니라 태양 에너지를 적극적으로 연구하고 도입한 결과, 오늘날 태양 에너지와 관련된 연구소와 산업이 가장 많이 모여 있는 도시이자 태양광 발전 장치 시설 수가 독일에서 가장 많은 '태양의 도시'로 거듭나게 되었다.

## 살아 있는 환경 교과서, 외코스타치온에 가다

이곳은 환경 수도라는 이름에 걸맞게 아이들을 위한 환경 교육에도 상당히 적극적이다. 학교 교과 과정에 환경 관련 과목이 있어 어릴 때부터 환경에 대해 올바른 인식을 갖게 한다. 또한 시민 단체가 운영하는 환경 교육 기관도 많다. 독일 최대의 환경 보호 단체인 '분트BUND'가 운영하는 외코스타치온도 그 가운데 하나이다.

그들의 환경 교육은 어떻게 이루어지고 있을까? 이 궁금증을 해결하기 위해 우리는 중앙역에서 1번 트램을 타고 생태 교육 센터인 외코스타치온을 찾아갔다.

정류장에 내리니 멀리 호수와 공원이 보였다. 호수를 끼고 돌면 공원 안쪽에 외코스타치온이 있다는 홈페이지의 안내에 따라 우리는 호수를 끼고 걸었다.

"아! 자연이 주는 느낌이 이런 건가 봐요."

대도시에서는 느끼지 못한 평화로운 분위기에 절로 감탄이 흘러나왔다. 호수를 한가로이 떠도는 새들과 공원을 산책하는 시민들, 나들이 나온 유치원 꼬마들이 하나같이 여유 있고 평화로워 보였다.

공원의 산책로조차 아스팔트로 되어 있는 우리나라와 달리, 독일에는 유난히 흙길이 많다. 잔디로 된 언덕에 나 있는 좁은 흙길은 자전거 길인 듯했다. 자전거가 있었다면 잔디 언덕을 오르락내리락하면서 더 재미있게 갈 수 있었을 텐데…… 프라이부르크에서 꼭 해 보고 싶었으나 못한 것이 바로 자전거로 도시 돌아다니기였다. 한번 시도해 볼까 생각하지 않았던 것은 아니다. 그런데 그때마다 따라오는 걱정들이 있었다. '자전거 탄 지가 너무 오래되어 자신이 없네.' '길도 잘 모르잖아?' '그래, 자전거 빌리는 요금도 만만치 않은데 할 수 없지.' 꼬리를 물고 이어지는 이런 걱정들 때문에 결국 자전거 타는 일은 포기할 수밖에 없었다. 하지만 지금도 아쉽긴 하다.

느린 걸음으로 호수를 돌아서 드디어 외코스타치온에 도착. 태양 전

1 프라이부르크 공원에 자리한 호수 2 공원에서 즐거운 한때를 보내는 선생님과 아이들 3 공원 언덕의 자전거 길

지판과 유리로 둘러싸인 모습이 마치 온실 같은 분위기를 풍겼다. 주변엔 다양한 풀들이 자라고 있었다. 그리 세련된 인상은 아니었지만 인위적인 느낌이 들지 않아 좋았다. 생태 건물다운 모습이라고 할까?

두리번거리는 우리의 모습을 보고 직원인 듯한 여성이 다가와 말을 건넸다.

"어떻게 오셨나요?"

"우리는 한국에서 온 과학 교사인데, 이곳의 교육 프로그램을 알고 싶어요."

그녀는 환한 웃음으로 우리를 반기며 친절하게 안내를 해 주기 시작했다.

"외코스타치온은 환경과 생태 교육을 담당하는 교육 센터예요. 주로 유치원과 초등학교 아이들을 위한 다양한 프로그램을 운영하고, 주말에는 가족 단위의 프로그램도 운영하죠. 아이들은 이곳에서 분리수거, 숲 체험, 생태 정원 가꾸기, 수공예품 만들기 등의 활동을 해요. 자칫 귀찮은 일로 생각될 수 있는 것들이지만, 이곳에서 하면 놀이처럼 자연스럽게 익히게 되죠. 이외에도 환경 보전이나 지속 가능한 발전을 위한 교육, 자원 보호, 생태 건축 등 여러 가지 환경 관련 프로젝트를 진행하고 세미나와 회의도 열고 있어요."

우리는 설명을 들으며 주위를 찬찬히 둘러보았다. 천연 목재로 이루어진 건물 내부에 사람들이 동그랗게 모여 앉을 수 있는 공간이 있었고, 그 둘레에 이곳의 활동을 알리는 여러 가지 자료와 엽서들이 전시되어 있었다.

뒷문을 열고 나가니 작은 연못이 나왔다. 그곳에서 생태 관찰 같은 것을 한다고 하는데 겨울이라 별로 볼 것이 없어 아쉬웠다. 그렇다고 그냥 갈 수는 없지! 그때부터 나의 질문 공세가 시작되었다.

"건물 밖에 있는 태양 전지판으로 건물의 전기를 충당하나요?"

"아뇨, 단지 난방과 온수를 공급하지요."

"분리수거는 어떻게 하나요?"

"일반 쓰레기와 병류, 플라스틱류, 음식물 쓰레기 퇴비와 용기 등으로 나누어 처리해요."

"오늘은 수업이 없나요?"

"아! 오후에 아이들과 간단한 요리 수업이 있어요."

1 외코스타치온의 전경  2 외코스타치온 입구  3 젊고 예쁘고, 심지어 친절하기까지 한 외코스타치온의 직원
4, 5 외코스타치온의 내부

뭔가 거창한 것을 기대했건만 고작 요리 수업이라니……. 살짝 김이 빠지긴 했지만 나는 질문을 계속 이어 갔다.

"프라이부르크가 독일에서 가장 살기 좋은 도시라고 하던데 정말인가요?"

"맞아요. 저는 이곳이 고향이 아니라서 좀 떨어진 곳에서 출퇴근을 하는데, 프라이부르크가 정말 좋은 도시인 것만은 틀림없어요. 저도 공부를 계속하게 되면 이곳으로 오려고 해요."

그녀의 표정에서 프라이부르크에 대한 애정이 가득 묻어났다.

건물 앞쪽에 자리한 생태 정원에서는 이런 저런 약용 식물을 심어 관찰하기도 하고, 무농약 유기농법으로 채소를 키우면서 음식물 쓰레기를 퇴비로 쓰는 것을 배운다고 했다. 생태 정원을 지나 전망대에 오른 나는 호수와 외코스타치온 전경을 오랫동안 내려다보았다. 그리고 생각했다. 이곳의 교육 내용이 그리 거창한 것만은 아닐 거라고……. 어릴 때부터 자연 속에 살아 숨 쉬는 작은 생명체들을 관찰하면서 말 그대로 '자연스럽게' 자연에 대한 애정과 관심을 갖게 하는 것. 환경 교육은 그것이면 충분하지 않을까? 생태 건물이나 생태 정원도 좋지만 호수나 공원, 숲 같은 데 둘러싸여 자연과 함께 호흡할 수 있는 환경이 더 중요한 교육적 요소인 듯했다.

눈앞에 펼쳐진 평화로운 풍경에서 프라이부르크 특유의 소박한 아름다움을 느낄 수 있었다. 환경의 중요성이 새삼 되살아났다.

전망대에서 내려다본 외코스타치온과 생태 정원

# 마을이 온통 태양빛 풍년이네

자, 이제 생태 마을로 불리는 보봉 단지를 방문할 차례. 보봉 단지는
제2차 세계 대전 후 1992년까지 프랑스 군대가 주둔했던 곳이다. 보봉
이라는 이름은 프랑스 군이 주둔할 때 이곳을 설계한 건축가의 이름에
서 따온 것이다. 독일이 통일된 후, 프랑스 군이 철수하고 나서 이곳을
어떻게 활용할지 공청회를 연 결과, 주민들의 합의를 거쳐 생태 마을을
만들기로 결정했다고 한다.

주민들은 자치 회의에서 '태양 에너지를 주 에너지원으로 선택하고
자동차 때문에 생기는 환경 피해를 최소화한다.' '쓰레기 배출을 없애고

빗물을 이용하여 물 소비를 최소화한다.' '콘크리트 사용을 최소화한다.' 등의 원칙을 정하였다. 그리고 프랑스 군이 사용하던 건물들을 보수하여 단열 처리를 함으로써 에너지를 적게 소비하는 서민 주택으로 탈바꿈시켰다.

우리는 3번 트램을 타고 단지 입구에 내려 마을을 둘러보았다. 평범한 연립 주택들이 죽 이어져 있었다. 보기엔 그리 특별할 것 없는 마을이었다. 집 앞에 분리 수거함이 있고 가운데로 트램이 다니고……

그런데 주택가 한편에 있는, 아이들이 놀고 있는 놀이터가 뭔가 달라 보였다. 보봉 단지의 놀이터는 생태 놀이터로 지어 플라스틱이나 금속이 거의 보이지 않았다. 나무나 돌로 만든 소박한 놀이 기구에서 아이들이 신나게 뛰어놀고 있었다. 생태 놀이터를 '스테른발트별의숲'라고 부른다니 정말 근사하지 않은가!

큰길 쪽으로 나와 마을 입구에 들어서자, 머리에 태양 전지판을 이고

1생태 놀이터 2쓰레기 분리 수거함 3보봉 마을 입구의 3번 트램

있는 예쁜 노란색 건물이 눈에 띄었다. 처음엔 학교라고 생각했는데 나중에 알고 보니 우리나라의 마을 회관 같은 건물이었다. 그곳에서 우리는 커다란 솔라 주차장을 보았다. 건물 전체가 태양판과 유리로 이루어진 거대한 주차장이었다. 보봉 단지 사람들은 이 주차장에 차와 자전거를 세우고 마을 안에서는 대부분 걸어 다닌다고 했다. 그래서일까? 조용하면서도 자유로움이 느껴졌다.

우리는 솔라 주차장 건너편에 있는 태양광 주거 단지로 발걸음을 옮겼다. 화려한 색상으로 디자인된 입구부터 무언가 범상치 않아 보였다.

1 마을 회관의 전경 2 마을 입구에 자리한 거대한 솔라 주차장 3, 4 태양광 주거 단지의 모습. 화려한 디자인이 눈길을 끈다.

# 태양열 발전과 태양광 발전

태양 에너지는 고갈될 염려가 없는 새로운 재생 에너지이자 화석 연료와는 달리 환경 오염 물질을 배출하지 않는 친환경 에너지원이다. 주택에 설치하면 전기를 자급자족할 수 있을 뿐 아니라 남은 전기를 전력 회사에 팔 수도 있다. 게다가 햇빛이 있는 곳이면 어디에나 설치할 수 있다. 그러나 실리콘이나 금속 재료를 이용하므로 설치 비용이 비싸다는 단점이 있다.

이전의 주택에서는 태양 집열판을 이용한 태양열 발전을 많이 했으나, 지금은 태양 전지를 이용한 태양광 발전이 주를 이룬다. 태양열로 물을 끓여 증기를 발생시킨 후 이를 이용해 터빈을 올려 전기를 생성하는 태양열 발전에 비해, 태양 전지를 이용해 빛 에너지를 직접 전기 에너지로 바꾸는 태양광 발전의 에너지 효율이 더 높기 때문이다. 태양광 발전에 이용되는 태양 전지는 P형 반도체와 N형 반도체라고 하는 두 종류의 반도체로 이루어져 있다. 이 태양 전지에 빛을 비추면 표면에서 전자가 생겨 전기가 발생하는 것이다.

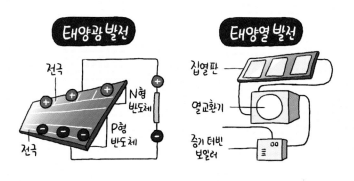

아니나 다를까, 단지 입구에 이곳을 설계한 롤프 디슈라는 건축가와 단지 구성에 관한 안내가 있었다. 유명한 건축가가 지은 집에서 사는 기분은 어떨까?

태양광 단지 주택들은 모두 남향이었고 같은 모양을 하고 있었다. 지붕에 태양 전지판과 태양열 집열판이 설치되었으며, 에너지 손실을 최소화하기 위해 단열벽이 설치되어 있었다. 또한 단열이 잘될수록 통풍이 어려워진다는 것을 고려해 자동 환기 장치를 두었고, 외부 공기가 들어오거나 실내 공기가 빠져나갈 때 열 교환기를 통과하게끔 하여 열 손실을 없앴다. 디자인도 깔끔한 데다 과학적으로 효율적인 주택이라는 생각이 들긴 했다. 하지만 생각보다 녹지가 없고 획일적인 구조여서 자연스럽게 형성된 마을과는 달리 조금 삭막한 느낌이 들었다.

우리는 이어서 '헬리오트롭'이라는 미래 주택을 보기 위해 걸음을 재촉했다. 헬리오트롭 역시 태양광 주택 단지를 건설한 롤프 디슈가 지은 집으로, '태양을 향하여'라는 뜻을 지니고 있었다.

탁 트인 언덕 위에 혼자서 고고히 태양과 바람을 맞고 있을 미래형 건물을 기대했는데……. 언덕을 채 오르기도 전에 헬리오트롭이 나타났다.

헬리오트롭은 아래가 원통형으로 되어 있어, 이름에 걸맞게 해를 따라 회전할 수 있다. 겨울에는 햇빛을 최대한 많이 받기 위해 유리면이 해를 향하고, 여름에는 반대로 단열재로 된 벽면이 해를 향한다. 지붕의 태양 전지판에서 생산한 전기는 가정에서 쓰고도 남아 오히려 비싼 값에 전력 회사에 판매를 한다. 지붕에는 빗물 수집 장치가 설치돼 있어서 빗물을 모아 세탁을 할 때나 화장실 물로 이용하게 한다. 이 집에는 건축가인 롤프 디슈가 실제로 살고 있다고 한다. 자신이 살 집을 직접

미래형 주택인 헬리오트롭

지었으니 최적의 편리함을 갖추었겠지?

헬리오트롭 위쪽으로는 포도밭이 펼쳐져 있었다. 순간 프라이부르크가 유명한 포도주 산지임이 떠올랐다. 자연을 풍요롭게 하는 햇빛과 사람의 손을 거쳐 생활 속으로 들어와서 삶을 풍요롭게 하는 햇빛. 프라이부르크에는 태양이 하나가 아닌 것 같았다.


## 21세기에 중세의 길을 걷다

이제 미처 다 보지 못한 시내나 가 볼까? 우리는 다시 3번 트램을 타고 시내 중심부로 나갔다. 오랜 역사를 간직한 프라이부르크의 구시가지는 잘 보전되어 있었다. 그러나 사실은 중세 시대에 지어진 뮌스터 성

1 프라이부르크의 명물인 베히레 2 시내 중심에 자리한 뮌스터 성당

당을 제외하고는 제2차 세계 대전 중 폭격으로 도시의 80%가 파괴되어, 전후에 중세 도시의 옛 모습 그대로 복원해 냈다고 한다.

뮌스터 성당을 중심으로 한 프라이부르크 시내는 자동차가 다닐 수 없는 보행자 천국이다. 우리는 성당으로 향하는 길에 프라이부르크의 명물이라는 베히레를 발견했다. 베히레는 로마 시대에 만들어진 작은 수로로, 역사적인 의미 외에도 도시의 열을 식혀 주는 기능을 담당한다. 신기한 건 한겨울인데도 불구하고 물이 얼지 않고 수로를 따라 졸졸 흐르고 있다는 사실. 독일의 겨울은 그리 춥지 않았다.

베히레를 보고 걸음을 재촉하는데 얼마 못 가 홍샘이 다시 걸음을 멈췄다. 그러고는 길바닥을 가리키는 것이었다. 돌로 포장된 거리 곳곳에 역시 같은 모양의 돌로 된 문양이 새겨져 있었다.

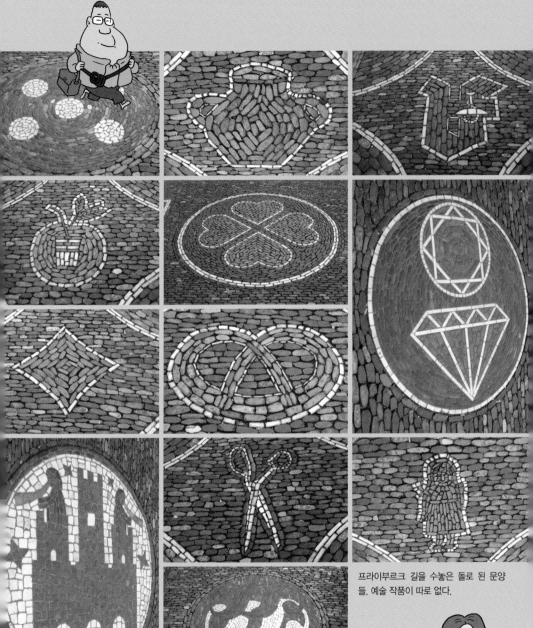

프라이부르크 길을 수놓은 돌로 된 문양
들. 예술 작품이 따로 없다.

"여기 바닥에 그림 좀 봐요. 이건 가위네, 이건 사과고."

"아마도 이발소 앞에는 가위를 그리고 과일 가게 앞에는 과일을 그려서 가게의 위치를 알려 준 게 아닐까요?"

"그럼 이곳은 보석상이었나?"

우리는 새로운 문양이 나타날 때마다 중세 시대의 거리 모습을 상상했다. 21세기에 중세의 거리를 걷는 아주 특별한 경험이었다.


## 인간과 자연을 향한 미래 기술

나는 다시 프랑크푸르트로 향하는 열차 안에서 제레미 리프킨의 《엔트로피》를 떠올렸다. 《엔트로피》에 따르면, 인간이 사용하는 모든 에너지원에는 한계가 있고, 에너지를 사용하는 과정에서 또 다른 많은 자원을 낭비하게 되기 때문에 결국에는 그 에너지를 더 이상 사용할 수 없게 된다고 한다. 인간은 처음에 나무를 에너지원으로 사용했고, 나무가 부족하게 되자 석탄으로, 석탄이 부족하자 석유로 에너지원을 바꾸어 왔다. 점점 더 사용하기 어려운 에너지원을 이용하면서 과학 기술이 발달했고, 그 과정에서 환경의 파괴는 더욱 심화되었다.

에너지원이 바뀌면 그것을 이용하는 사회의 시스템도 함께 변화하므로 커다란 혼란과 함께 새로운 시대가 열리게 된다. 지금은 석유의 시대이지만 석유 시대의 종말은 코앞으로 다가오고 있다. 석유가 고갈되면서 유가가 오르면 사회에 엄청난 혼란이 오게 된다는 것을 실감하는 요즘이다. 인간은 새로운 에너지 시대를 대비하지 않으면 안 되는 것이다.

사실 대체 에너지로 이야기되는 에너지원들도 많은 문제점을 안고 있다. 무한한 에너지원이라고 일컬어지는 태양 에너지도 예외는 아니다. 태양 전지판을 만드는 데 이용하는 금속의 고갈을 가져올 수 있고, 태양 전지판을 설치하는 과정에서 환경을 파괴시킬 수 있기 때문이다.

《엔트로피》를 읽으면서 무엇보다 충격적이었던 것은, 태양 에너지 사회로 전환한다 해도 대도시를 움직일 만한 에너지 효율을 내는 것이 불가능하기 때문에, 사람들이 대도시 중심, 대량 소비 중심의 가치관을 버리지 않는 한 이러한 문제는 해결되지 않을 것이라는 예측이다.

프라이부르크야말로 태양 에너지 이용을 실천하고 있을 뿐 아니라 제레미 리프킨이 말한 미래의 가치관을 잘 수용하고 있다는 생각이 들었다. 작고 소박한 도시의 모습, 자동차 사용을 억제하는 교통 시스템, 환경을 위해 불편함을 기꺼이 수용할 줄 아는 시민들, 전통과 현대가 조화를 이룬 도심의 모습 등은 그런 믿음을 심어 주기에 충분했다.

과학 교사 논술 모임에서 《엔트로피》를 읽고 함께 토론을 나누었던 홍샘에게 나의 느낌을 털어놓았더니 홍샘 역시 나와 같은 생각을 하고 있었다.

"맞아요. 나도 그렇게 느꼈어요. 그래서 전 세계의 환경 운동가와 전문가들이 미래의 대안으로 프라이부르크를 배우러 오는 것이겠죠."

지속 가능한 발전을 전제로 한 미래 도시의 모습은 어릴 적 그렸던 그

# 세계의 환경 도시들

세계 여러 나라에는 유명한 환경 도시들이 많이 있다. 그중에서도 브라질의 쿠리치바는 《타임》지에 '지구에서 환경적으로 가장 올바르게 사는 도시'로 소개될 만큼 톡톡 튀는 아이디어와 실험 정신이 뛰어난 도시이다. 그곳에서는 먼저 체계적인 교통망을 갖추어 시민들이 자동차 이용을 줄이고 대중교통 수단을 최대한 이용하도록 만들었다.

쿠리치바에서 가장 유명한 것은 이중 굴절 버스와 원통형 정류장이다. 버스 세 칸을 붙여서 만든 이중 굴절 버스는 한 번에 270명이 탈 수 있고, 원통형으로 재미있게 생긴 정류장은 버스 승강대와 같은 높이로 플랫폼을 만들어 간편하게 타고 내릴 수 있게 되어 있다. 버스는 문을 다섯 개나 만들어 승하차 시간을 줄였는가 하면, 출퇴근 시간에 배차 간격을 30초로 해서 모든 사람들이 편리하게 이용하도록 하였다. 쿠리치바는 이 외에도 '꽃의 거리'라는 보행자 천국을 만들어 문화의 거리로 가꾸었고, 수많은 도랑과 호수, 공원을 조성하여 생태 도시로 탈바꿈했다.

콜롬비아의 수도 보고타도 교통 개혁을 통해, 마약과 부정부패로 얼룩진 도시에서 환경 도시로 거듭났다. 이곳은 쿠리치바보다 더욱 엄격하게 자동차 이용을 제한하고 있다. 자동차 이용자는 월요일부터 금요일 중 이틀간 러시아워 시간대에 차를 몰 수 없으며, 매주 일요일과 국경일에는 7시간 동안 주요 간선 도로에서 자동차의 운행을 금지시키고 보행자, 자전거, 인라인스케이트 이용자에게 도로를 개방하는 '사이클로비아' 프로그램이 실시된다. 1년에 한 번 실시되는 '차 없는 날'에는 98%의 시민이 자동차를 운행하지 않기도 한다.

이 두 도시는 모두, 제3세계에 속하는 가난한 도시에서, 지하철같이 건설비가 많이 드는 정책을 쓰지 않고도 버스를 기반으로 하는 교통 시스템 확립을 통해, 대중교통 중심의 환경 도시로 거듭날 수 있다는 가능성을 보여 주고 있다.

쿠리치바의 원통형 버스 정류장

사이클로비아를 실시 중인 보고타의 거리

림처럼 거대한 빌딩이 즐비하고 자동차가 하늘 위를 분주하게 지나다니는, 그런 첨단 도시가 아닐 것이다. 오히려 자연과 조화를 이루면서, 지금보다 덜 쓰고 덜 버리는 생활 습관으로 소박한 행복을 나누며 살아가는 모습일 것이라는 데에 나는 기꺼이 한 표를 던지고 싶다. 건강한 먹을거리와 깨끗한 공기와 아름다운 자연 속에서, 우리의 아이들이 행복하게 자라는 것을 보는 것이 진정 우리가 바라는 미래의 모습이 아닐까?

자연과 인간을 위한 과학 기술을 위해 지금도 실험을 계속하고 있는 프라이부르크의 모험이 부디 성공하여, 지구의 밝은 미래를 보여 주는 모델이 되기를……. 차창 밖 풍경을 바라보던 나는 코난의 역할을 그들에게 넘기면서, 그들의 성공적인 임무 완수를 바라고 또 바랐다. 학생

**외코스타치온 찾아가기**

**홈페이지** ▶ www.oekostation.de

**주      소** ▶ Oekostation Freiburg Falkenbergerstr. 21 B D–79110 Freiburg

**교 통 편** ▶ 프라이부르크 중앙역에서 1번 트램을 타고 Haltestelle Betzenhauser Torplatz역에서
하차하여 호수를 끼고 공원을 가로지르면 멀리 왼편에 보인다.
또는 10번 버스를 타고 Falkenbergerstraße에 내려 마을을 가로질러 가도 된다.

**개관 시간** ▶ 화요일부터 금요일까지 9:00~17:00(일요일과 공휴일은 프로그램에 따라 변동)

**입 장 료** ▶ 무료

**보봉 단지**

**교 통 편** ▶ 중앙역에서 3번 트램을 타고 보봉(Vaubon) 단지에서 하차

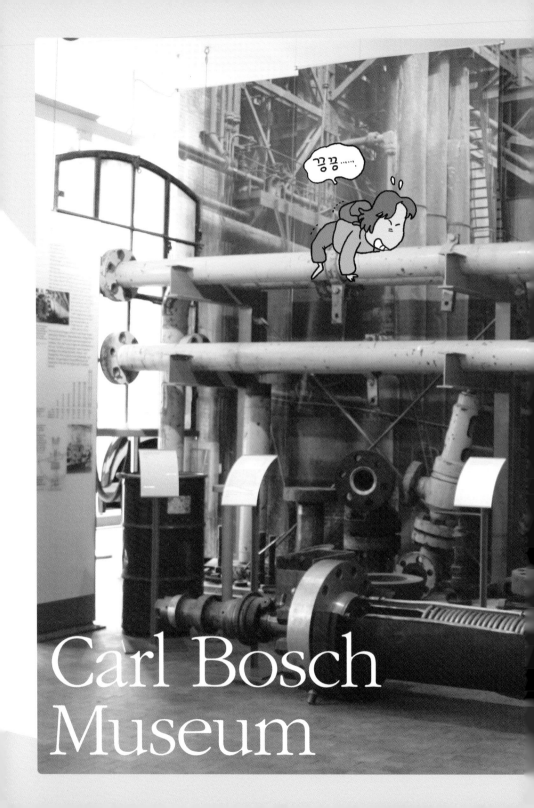

두 얼굴의 과학
# 카를 보슈 박물관

한샘,
거기 왜 올라
갔어요?

"과학자는 평시에는 세계에 속하지만
전시에는 조국에 속한다."
프리츠 하버, 독일의 화학자

∷ **관련 단원** 고등학교 과학 물질  고등학교 화학 1 주변의 물질
고등학교 화학 2 물질의 상태와 용액

# 아름다운 도시, 하이델베르크

하이델베르크는 독일을 여행하는 관광객이 빼놓지 않고 찾는 곳이다. 이곳은 아름다운 풍광으로 유명할 뿐 아니라, 괴테, 헤겔, 야스퍼스 등 수많은 철학자와 문학가가 사랑한 도시이자 중세 시대부터 내려오는 유구한 전통을 가진 대학 도시로도 잘 알려져 있다. 무엇보다 하이델베르크가 우리에게 매력적인 이유는 화학사에서 중요한 의미를 차지하는 암모니아 합성과 관련이 깊기 때문이다. 게다가 프리츠 하버와 함께 암모니아 합성에 성공한 카를 보슈의 업적이 담긴 박물관까지 있으니, 우리는 더 이상 주저할 이유가 없었다. 좋아, 가는 거야!

위풍당당하게 기차역을 나온 것까지는 좋았으나 카를 보슈 박물관을 찾아가기는 쉽지 않았다. 박물관 홈페이지에는 하이델베르크 중앙역에서 33번 버스를 타라고 되어 있었다. 우리는 한 치의 의심도 없이 33번

**카를 보슈 박물관의 전경. 한적한 주택가 언덕에 자리하고 있다.**

버스에 몸을 실었다. 구시가지로 이어진 좁은 길을 달리던 버스는 이내 그림 같은 풍경을 품은 강가를 따라 달리더니 어느덧 내려야 할 정거장에 멈췄다. 여기서 택시를 타라고 했는데……. 하지만 그런데 막상 내리고 보니 막막하기만 했다. 그곳은 한적한 시골 정거장이었다. 길 건너 멀리 마을이 보일 뿐, 주변엔 택시는커녕 공중전화조차 보이지 않았다. 하는 수 없이 다시 버스를 타고 시내로 들어간 다음, 지나가던 독일인에게 택시를 어떻게 부르는지 물어보고 나서야 택시를 탈 수 있었다. 홈페이지만 믿고 미리 확인하지 않은 것이 잘못이었다. 여행은 철저한 준비가 없으면 몸이 고생하게 마련이다. 하긴 지나고 나면 그런 일들도 모두 추억이 되지만.

우여곡절 끝에 우리가 도착한 곳은 언덕 중턱의 한적한 마을에 자리한 예쁘장한 집 앞이었다. 반갑다, 카를 보슈 박물관!

## 카를 보슈의 방

박물관 앞에는 실제로 공장에서 암모니아를 합성하던 반응 장치가 전시되어 있었는데, 일하는 사람까지 앙증맞은 조각으로 표현되어 있었다. 뮌헨의 과학 박물관을 보고 '독일의 박물관은 소박하고 디자인에 신경을 쓰지 않는다.'라고 생각했는데……. 그동안 독일에서 보지 못한 세심한 디자인이었다.

박물관 앞에 전시된 암모니아 공장의 실재 반응 용기

　박물관은 그리 넓지 않았다. 독일의 전통적인 2층 주택이 본관이고, 그 옆에 현대식 건물의 분관이 있었다. 본관에서는 카를 보슈의 생애와 업적을, 분관에서는 '화학의 발달사'에 관한 것을 볼 수 있었다.

　카를 보슈는 하버가 성공한 암모니아의 합성 반응을 공업화시켜 실제 대량 생산에 성공하게 한 과학 기술자로, 이곳 하이델베르크에서 말년을 보냈다.

　우리는 가장 먼저 카를 보슈의 개인적인 삶과 연구 업적을 살펴보기 위해 본관 2층으로 향했다.

　첫 번째 방은 카를 보슈의 어린 시절을 고스란히 담은 공간으로 꾸며져 있었다. 그곳에서 우리는 배관 기술자의 아들로 태어나 어릴 적부터 아버지의 작업장에서 놀면서 기술을 익힌 보슈를 만날 수 있었다.

두 번째 방에서는 그가 독일의 대표적인 화학 공업 기업인 바스프 사의 연구원이 된 이후부터의 경력을 살펴보았다. 1899년 바스프에 들어가 암모니아 합성의 공업화에 힘쓴 카를 보슈는 그 능력을 인정받아 1911년 바스프 사의 회장이 되었고, 그 후 바스프와 다른 기업을 통합하여 재벌 기업인 IG 파벤을 설립하고 그 기업의 총수가 되었다.

세 번째 방에는 그의 개인적인 취미였던 곤충과 광물 연구에 관한 것들이 전시되어 있었다. 그는 자연을 사랑하여 광물과 곤충을 수집하였고, 나중에 수집품이 너무 많아지자 근처에 집을 사서 따로 전시했다고 한다. 그의 수집품은 이후 프랑크푸르트 자연사 박물관에 기증되었다.

그다음 방으로 가자, 노벨 화학상을 받은 보슈의 과학적 공로를 확인할 수 있었다. 보통 노벨상은 최초로 과학적 발견을 한 사람이 받게 마련이고, 그 분야가 대부분 순수 과학 쪽에 치우쳐 있는 게 사실이다. 그러니 응용 화학 분야에 속하는 그의 연구에 노벨상을 수여한 것은 대단한 일이다. 게다가 이미 하버가 1918년에 '암모니아 합성'으로 노벨 화학상을 받았는데, 실험실에서 이루어진 이 반응을 큰 규모로 발전시켜 공업화시킨 공로로 보슈가 다시 한 번 노벨상을 받은 것은 매우 이례적인 일이 아닐 수 없다.

그 밖에도 보슈는 여러 대학에서 명예 박사 학위를 받았으며 리비히 메달, 분젠 메달 등의 상도 많이 받았다. 막스 플랑크 협회의 전신인 카이저 빌헬름 협회의 회장을 맡았던 보슈는 과학 연구를 장려하고 지원

1 그는 리비히 메달, 분젠 메달을 비롯해 많은 상을 받았다. 2 보슈가 어릴 적 놀던 아버지의 배관 작업실 3 바닥의 세계 지도에는 IG 파벤 기업 공장과 사업장이 진출했던 곳이 표시되어 있다. 4 박물관에는 그의 집 서재를 재현해 놓았다.

하는 일에도 적극적이었다고 한다. 아마 과학적 업적 외에도 그러한 공로가 인정을 받은 것이 아닐까?


# 냄새보다 더 강력한 힘을 가진 암모니아 합성

아래층에는 카를 보슈가 암모니아를 공업적으로 합성해 내기 위해 연구를 했던 실험실이 재현되어 있었다. '고압 기술'이라는 새로운 기술의 요람이 된 곳이기도 하다.

수업 시간에 '암모니아 합성'을 가르칠 때면 아이들의 반응은 늘 시큰둥하다. '암모니아처럼 지독한 냄새가 나는 기체를 뭐 하러 알아야 하나…….' 꼭 그런 표정이다. 하지만 그 냄새나는 기체 암모니아가 바로 질소 비료의 원료이자 폭약의 원료가 된다는 사실! 아주 중요한 물질이 아닐 수 없다.

생명체를 이루는 필수 요소 중 하나인 단백질에는 탄소, 수소, 산소 외에도 질소 성분이 반드시 필요하다. 질소는 공기의 79%를 차지할 정도로 흔한 기체이지만, 문제는 어떤 물질보다 안정하여 쉽게 반응을 하지 않는다는 것. 태양 에너지와 이산화탄소만 있으면 양분을 스스로 만들어 내는 식물조차 공기 중에 있는 질소를 그대로 영양분으로 이용할 수 없다. 물속에 녹아든 이온의 형태로만 질소 성분을 흡수하는데, 공기 중에 있는 질소를 이온으로 바꿀 수 있는 생물체는 오직 뿌리혹박테리아뿐이다. 또한 땅속에 존재하는 질소의 양에도 한계가 있으므로, 식물의 수확량을 늘리려면 반드시 질소 비료를 뿌려 주어야 한다. 그러나 질소는 쓰임에 비해 얻을 수 있는 양이 매우 부족하니, 그에 대한 관심이 커질 수밖에……

공기 중에 널려 있는 질소 기체와, 화학 반응으로 쉽게 얻을 수 있는 수소 기체를 이용해 암모니아를 합성할 수 있다면, 그 암모니아로 다시 질소 비료를 만드는 일은 어렵지 않다. 그런데 문제는, 화학식으로 보면 간단한 듯해도 암모니아의 합성이 실제로는 쉽지가 않다는 것. 반응성

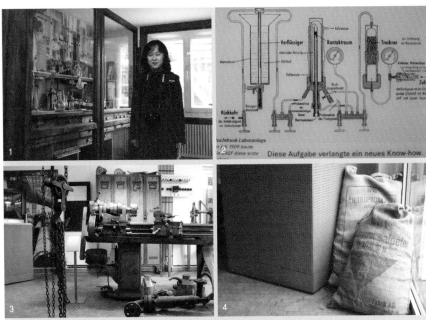

1 20세기 초 보슈의 실험실을 재현해 놓은 방 2 하버가 고안한 암모니아 합성 장치 3 작업 선반과 작업 도구, 고압 파이프 등을 갖춘 고압 작업실 4 작업실 한쪽 구석에 질소 비료 포대가 세워져 있다.

질소 비료의 효과를 알리는 광고 포스터

이 낮은 질소를 반응시키기 위해서는 고온·고압과 적절한 촉매가 있어
야만 한다.

독일의 화학자 하버는 질소와 수소를 고온·고압 아래에서, 오스뮴 촉
매와 반응시키는 방법으로 암모니아를 합성하는 데 최초로 성공했다.
그러나 그것은 실험실에서 이루어진 성공이었다. 이를 공업화시키려면
고온·고압에 견디는 반응 용기를 크게 제작하여 생산해야 했다. 또한
수득률을 높이면서 생산 비용은 줄이려면 새로운 촉매를 개발하지 않
으면 안 되었다. 하버가 썼던 오스뮴 촉매는 워낙 희귀하고 비싸서 공업
용으로는 적합하지 않았다. 보슈는 하버의 방법을 공업화시키는 책임
을 맡아 새로운 촉매를 개발하려 노력했다. 그리고 수천 번의 실험을 통
해 마침내 철을 기본으로 몇 가지 금속을 혼합한 촉매를 찾아냈다. 보슈
가 여러 문제점을 해결하고 공장을 세워 암모니아를 대량 생산하기까
지 얼마나 많은 노력을 기울였을까 생각해 보면, 그의 열정에 새삼 감탄
을 하지 않을 수 없다.

비료를 주었을 때와 주지 않았을 때 식물의 생장 속도를 비교하는 밭과 정원

공장에서 대량 생산된 암모니아는 이후 질소 비료의 생산으로 이어졌다. 당시 유럽은 18세기 말 맬서스가 《인구론》에서 예언한 대로, 산업 혁명 이후 인구는 폭발적으로 늘어나는 반면 식량 생산은 인구 증가를 따라가지 못해 많은 사람들이 기아에 허덕이고 있었다. 그런데 그때 때맞춰 값싼 질소 비료가 공급됨으로써 단위 면적당 농업 생산량을 6배나 증가시킬 수 있었고, 그 결과 인류를 기아에서 구할 수 있었다.

지금도 여전히 질소 비료를 만드는 데 '하버-보슈법'이 쓰이고 있으니, 그들의 연구 결과가 오늘날까지도 인류에게 지대한 공헌을 하고 있는 셈이다. 물론 암모니아가 이렇게 긍정적인 역할만 한 것은 아니었다. 독일은 제1차 세계 대전이 일어나자, 암모니아 공장에서 생산된 모든 암모니아를 질산으로 바꾸어 폭약의 원료로 이용하기도 했다.

박물관 뒤뜰에는 질소 비료를 준 식물과 주지 않은 식물의 생장 속도를 비교하는 밭과 언덕에 꾸며진 예쁜 정원이 있었다. 봄이 되면 꽃이 만발해 지금보다 훨씬 예쁘겠지?

그런데 왜 이렇게 외진 고급 주택가에 박물관을 세운 것일까? 혹시 카를 보슈의 연고지와 관련이 있는 건 아닐까? 평소에도 궁금한 건 절대 참지 못하는 터라 바로 직원에게 물어보았다.

"이곳이 혹시 카를 보슈가 살던 곳인가요?"

"네, 이곳에서 200m쯤 떨어진 곳에 카를 보슈가 살았던 집이 있어요. 집이라기보다 거의 궁전에 가깝지요."

"아! 정말 부자였나 보죠?"

"네, 그는 성공한 기업가였으니까요."

더욱 놀랄 만한 사실 한 가지. 지금 박물관으로 쓰이는 이곳은 원래 카를 보슈의 차고였단다. 어쩐지 입구에 멋진 벤츠가 눈에 띄더라니. 그 차가 바로 카를 보슈가 타던 것이라고 한다. 차고로 이런 박물관을 지을 정도면 대체 집은 어떻단 말이야?

직원이 보여 준 사진 속 카를 보슈의 저택. 지금은 과학 연구를 지원하는 재단에서 사들여 과학 세미나와 과학 교육 등을 진행한다고 한다.

"사진으로 보여 드릴게요."

그 직원은 친절하게도 큼직하게 코팅한 사진 몇 장을 짜잔, 하고 내밀었다. 헉, 이럴 수가! 보슈의 집은 동화 속에서나 나올 법한 궁전에 가까웠다. 19세기 이후 현대의 과학자치고 큰 부자인 사람을 들어 본 적이 없었는데, 보슈는 기업인이어서 큰돈을 벌 수 있었나 보다.


## 한눈에 보는 화학의 역사

"안녕하세요? 한국에서 온 과학 선생님들이시라고 들었습니다."

분관으로 들어서자 덩치 좋은 남자 직원이 우리를 반갑게 맞이했다.

본관에서 우리더러 학생이냐고 묻기에 과학 교사라고 대답했는데 그새 연락을 취한 모양이었다. 인적도 드문 작은 사설 박물관에 멀리 한국의 과학 교사가 방문을 했다는 것이 호기심을 끌었던 모양이다. 궁금한 점이 있으면 무엇이든 물어보라는 말에 나는 냉큼 질문을 던졌다.

"실은 이곳에 오면 보슈뿐 아니라 하버에 대한 자료가 있을 줄 알았는데, 하버에 대한 자료는 보이지 않네요?"

"네, 이곳은 보슈를 기념하는 사설 박물관이라 하버에 관한 기록은 없어요. 하버가 유대 인이라는 이유로 독일을 떠나야 했을 때 보슈가 나서서 그를 구명했지요. 하버뿐 아니라 바스프의 많은 연구원들이 유대 인이었던지라 그들을 구하려고 보슈가 직접 나섰어요. 히틀러 치하에서는 그의 노력이 별 소용이 없었지만요."

그는 하버의 일생에 관한 이야기를 들려주더니, 내친 김에 이곳의 전시물을 설명해 주겠다고 나섰다. 친절하기도 하시지.

카를 보슈 박물관 분관은 15세기 이전부터 현대까지 이르는 화학의 역사를 몇 개의 섹션으로 나누어 전시해 놓고 있었다. 금과 은을 정제하던 모습, 식물에서 약을 추출하는 과정, 이론적 연금술사의 시대, 마술사로서의 연금술사의 시대를 거쳐 화학이 하나의 학문으로 자리 잡는데 큰 공헌을 한 라부아지에의 실험실, 리비히의 실험실 등이 꾸며져 있었다. 마지막에는 기계와 컴퓨터가 정해진 프로그램에 따라 인간 대신 실험을 하는, 현대의 실험실까지 볼 수 있었다.

그중 가장 재미있었던 것은 시장에서 동전을 금으로 바꾸는 마술을 부려 사람들을 속이던 마술사에 관한 것이었다. 그 마술사는 연금술을 이용해 동전을 금처럼 보이게 만들어 유명해졌고, 그 소문을 들은 왕에게 잡혀가게 되었다. 황금에 눈이 먼 왕은 감옥 같은 실험실에 그를 감금한 채 금을 만들라고 강요했다. 자신의 꾀로 오히려 목숨이 위태로워진 마술사는 죽도록 실험에 매달린 결과, 금 대신 흰 도자기를 만드는데 성공했다. 당시 도자기는 전부 중국에서 수입했으므로 값이 무척 비쌌다. 금 대신 값비싼 도자기를 얻게 된 왕은 무척 만족스러웠지만, 그를 풀어 주면 도자기 만드는 비밀을 다른 나라에 발설할까 봐 결국 죽을 때까지 가둬 놓았다고 한다.

우리는 거의 한 시간 동안이나 계속된 그의 친절한 설명을 들은 뒤,

1 시장에서 동전을 금으로 바꾸는 마술을 부려 사람들을 속이던 연금술사 이야기를 들려주고 있는 남자 직원 2 사람을 대신해서 실험을 하는 컴퓨터와 기계. 시약의 종류와 양, 실험 방법을 입력하면 기계가 대신 실험을 해서 결과를 보여 준다. 기계는 잠을 잘 필요도 없고 먹을 것을 주지 않아도 되니 단순한 작업을 반복해야 하는 실험에는 최적이다.

흡족한 마음으로 카를 보슈 박물관을 나섰다. 독일에서 들은 가장 유창한 영어, 게다가 풍부한 과학적 지식에 적절한 유머까지……. 그 멋진 남자 직원은 오래도록 잊지 못할 것이다.

## 전통과 혁신이 공존하는 곳, 하이델베르크 대학

카를 보슈 박물관에서 택시를 타고 내려가는데, 저 멀리 그 유명한 하이델베르크 고성이 보였다. 박물관에 갈 때 택시를 탔던 광장에 내려서 보니, 그곳이 바로 하이델베르크 대학 주변의 구시가지였다.

그곳은 보행자만이 다닐 수 있는 돌길에, 골목마다 예쁜 카페와 상점이 아기자기하게 늘어서 있었다. 우리는 일단 성령 교회 앞 골목에서 가까이 보이는 멋진 조형물을 쫓아 무작정 걸었다. 그 조형물은 바로 철학자의 길로 이어지는 하이델베르크의 유명한 다리, 칼 테오도르 다리였다. 강 한쪽으로는 하이델베르크 고성이 보이고, 다른 한쪽으로는 빨간 지붕의 집들과 울창한 숲이 보이는 그곳의 풍경은 정말 달력 속에 나오는 그림 그대로였다. 다리 위에 서서 멋진 풍경을 만끽한 뒤, 우리는 다시 하이델베르크 대학 쪽으로 걸음을 옮겼다.

하이델베르크 대학은 1386년 루프레히트 1세가 건립한 교육 기관으로, 독일에서 가장 오래되고 유서가 깊은 대학이다. 변증법을 주창한 헤겔이나 실존주의 철학을 체계화시킨 야스퍼스가 교수로 재직했던 이 대학은 철학과 문학이 발달한 독일 낭만주의의 중심지였다. 뿐만 아니라 과학 분야에서도 7명의 노벨상 수상자를 낼 만큼 혁혁한 성과를 이룬 곳이다. 지금도 의학과 생명 공학 연구의 중심지로 14개의 부속 병원, 독일 암 센터, 학술 아카데미, 유럽 미생물 연구소 등의 대학 부속 기관들이 세계적인 명성을 이어 가고 있다.

13만 명의 인구 중 2만 7000명이 학생일 정도로 대학생이 많은 도시, 하이델베르크. 그래서일까? 대학가 주변의 거리는 젊음의 에너지로 생동감이 넘쳤다. 유서 깊은 대학 건물과 마치 거대한 고성처럼 보이는 도서관은 신기하게도 대학생들의 왁자지껄한 젊은 혈기와 너무나 잘 어

¹칼 테오도르 다리에서 바라본 시가지와 언덕 위의 하이델베르크 성 ²다리에서 시가지로 들어오는 문

우러졌다. 우리는 각자의 대학 시절을 떠올리며 구관 건물과 도서관, 대학가 상점 등을 기웃거려 보다가, 분젠이 연구를 했다는 자연 과학 연구소 쪽으로 발걸음을 옮겼다.

하버는 자연 과학 연구소에서 화학자 분젠의 지도를 받았다. 분젠은 스펙트럼 분석 연구에 의하여 루비듐과 세슘을 발견하고, 분젠 광도계, 분젠 버너 등의 실험용 기구를 고안한 유명한 과학자이다. 다리품을 팔아 자연 과학 연구소에 가 보니, 연구소 벽에 1855년부터 1888년까지 분젠이 연구한 곳이라는 표지가 붙어 있었다. 하버가 하이델베르크 대학에 온 것이 1886년이니, 아마도 이곳에서 분젠의 지도를 받았겠지?

1 분젠이 근무했던 자연 과학 연구소 2 하이델베르크 대학 구관 3 고성처럼 보이는 대학 도서관

# 천사와 악마의 모습을 한 과학자, 하버

카를 보슈 박물관에서 하버에 관한 자료를 찾지 못해 아쉬웠던 우리는 며칠 뒤, 베를린 달렘에 자리한 막스 플랑크 연구소를 찾았다. 그곳은 독일 과학 발전의 견인차가 되었던 카이저 빌헬름 협회 물리 화학 연구소가 세워져 하버가 초대 소장을 지낸 곳이다.

하버가 1911년부터 1933년까지 근무한 이곳은, 나중에 카이저 빌헬름 협회가 막스 플랑크 협회로 개명되면서 하버의 이름을 기려 하버 연구소로 이름이 붙여졌다. 지금은 무기 화학, 화학 물리학, 분자 물리학, 물리 화학, 이론 분야 연구소로 나뉘어 화학 분야의 활발한 연구가 이루어진다. 또한 연구소 옆에는 베를린 자유 대학이 있어 달렘 지구 전체가 베를린 최대의 연구 단지를 이루고 있었다.

암모니아 합성에 성공한 후 이곳으로 온 하버는 제1차 세계 대전이 일어나자 이곳에서 조국을 위해 독가스 개발에 전념했다. 염소 가스를 비롯한 수많은 독가스가 그의 감독하에 이곳에서 개발되었다. 앱스에서 치러진 전투에 대령으로 직접 참가한 하버는 프랑스 군을 상대로 독가스를 살포하는 것을 진두지휘하여 수많은 적을 죽였는데, 그것은 인류 역사상 최초로 화학 무기를 이용한 사례이기도 하다.

독일 최초로 화학 박사 학위를 받은 그의 아내 클라라는 하버가 전투에 참가하는 것을 적극적으로 말렸으나, 결국 남편이 독가스를 살포하고 돌아오자 절망감에 사로잡힌 나머지 남편의 권총으로 스스로 목숨을 끊고 말았다. 하버는 부인의 자살에도 아랑곳없이 다음 날 다시 프러시아 전선으로 떠났다.

그 후 연합군도 독가스 개발에 열을 올리게 되면서 제1차 세계 대전은 화학자들의 전쟁이 되었다. 전쟁에서 패한 후 전범으로 몰린 하버는 스위스로 도망을 갔다가, 1918년 암모니아 합성으로 노벨상을 받게 되면서 다시 당당하게 돌아왔다. 이후 전쟁 배상금을 갚으려고 바닷물에서 금을 채취하는 연구를 몇 년간 하다가 경제성이 없다고 밝혀져 포기하기도 했다. 유대 인이라는 태생적 한계에서 벗어나기 위해 기독교로 개종까지 하고 독일의 존경받는 과학자로 출세 가도를 달리던 그였지만, 히틀러가 집권하면서 그토록 충성했던 조국에서 쫓겨나고 말았다.

토요일이라 연구소는 거리도 한산하기 그지없었다. 비가 추적추적 오는데 나는 우산도 없이 연구소 밖을 둘러보며 여러 가지 상념에 젖어들었다.

앱스에서 돌아와 승리에 도취되어 있던 하버는 자살한 부인을 보았을 때 어떤 심정이었을까? 부인의 죽음을 정말 슬퍼하거나 자책감을 느꼈다면 어떻게 부인이 숨을 거둔 날 바로 다시 전장으로 떠날 수 있었을까? 유대 인이라는 이유 하나로 몸 바쳐 충성한 조국에서 추방당했을 때 하버는 얼마나 기가 막혔을까?

조국에서 추방당한 하버는 독일의 다른 유명한 과학자들과는 달리 갈 곳이 없었다. 그도 그럴 것이 그는 연합군이 지목했던 전범이 아니던가. 이미 깊은 병이 들어 있었던 그는 요양 차 스위스에 갔다가 바젤의 어느

## Fritz-Haber-Institut der Max-Planck-Gesellschaft

Sie sind hier / You are here: ●

100 m

A  Abteilung Physikalische Chemie
B  Haupteingang – Telefonzentrale
   Haber-Linde
C  Abteilung Molekülphysik
D  Abteilung Molekülphysik,
   Betriebsrat
F  Ernst-Ruska-Bau:
   Abteilung Anorganische Chemie
G  Verwaltung, Bibliothek
H  Hörsaal,
   Zentrales Beschaffungswesen
K  Haber-Villa: Seminarraum
L  Elektroniklabor, Werkstätten
M  Richard-Willstätter-Haus:
   Abteilung Theorie,
   Seminarraum
N, P, Q
   Abteilung Chemische Physik
S  PP&B Gruppe
T  Abteilung Theorie,
   Gemeinsames Netzwerkzentrum
U  Gästehaus, Haustechnik

1 하버 연구소의 안내 지도. 패러데이 거리와 반트호프 거리에 걸쳐 있다. 이 안에 무기 화학, 화학 물리학, 분자 물리학, 물리 화학, 이론 분야 연구소가 있다. 2 제차 세계 대전 동안 독가스 개발의 본거지였던 물리 화학 연구소 3, 4하버 연구소 내 이론 연구소. 전통적인 독일 주택과 현대식 건물이 조화를 이루고 있다. 5, 6비를 피해 들어갔던 베를린 자유 대학. 창 너머로 토요일에도 열심히 공부하는 학생들의 모습이 보인다.

호텔 방에서 숨을 거두고 말았다. 두 번째 부인과도 이혼한 채 혼자서 쓸쓸한 죽음을 맞이한 것이었다. 이후 이곳 연구소에서 개발된 독가스 중 지클론 B는 유대인 수용소에서 하버의 친척을 비롯한 수많은 유대인의 목숨을 앗아 갔다.

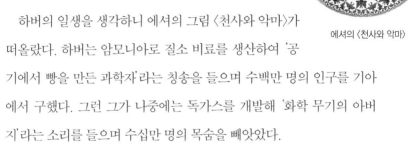

에셔의 〈천사와 악마〉

하버의 일생을 생각하니 에셔의 그림 〈천사와 악마〉가 떠올랐다. 하버는 암모니아로 질소 비료를 생산하여 '공기에서 빵을 만든 과학자'라는 칭송을 들으며 수백만 명의 인구를 기아에서 구했다. 그런 그가 나중에는 독가스를 개발해 '화학 무기의 아버지'라는 소리를 들으며 수십만 명의 목숨을 빼앗았다.

천사와 악마의 모습을 한 과학자, 창조와 파괴의 과학자 하버는 그렇게 인류 역사에 큰 영향을 끼쳤으면서, 자신 또한 역사의 소용돌이에 휘말려 영광과 오욕의 삶을 살았다. 그의 삶은 과학과 사회가 어떻게 운명의 실타래로 엮여 있는지 보여 주는 한 편의 드라마라 할 수 있다.

카를 보슈 박물관 찾아가기

**홈페이지** ▶ http://www.museum.villa-bosch.de/en/

**주 소** ▶ Schloß-Wolfsbrunnenweg 46 D-69118 Heidelberg

**교 통 편** ▶ 하이델베르크 중앙역에서 택시를 타거나 트램 정거장에서 33번 버스를 탄 뒤 Hausackerweg 역에 도착해 그곳에서 박물관까지 택시를 탄다.

**개관 시간** ▶ 10:00 ~ 17:00

**휴 무 일** ▶ 매주 목요일

## 아픈 기억의 공간
# 다하우 집단 수용소

　'나치' 하면 떠오르는 집단 수용소. 반나치주의자, 사회주의자 같은 정치범과 유대 인을 가둬 두고 생체 실험을 자행했던 곳. 사람을 사람 취급하지 않는 이 끔찍한 공간은 상상만 해도 몸서리가 쳐진다.

　뮌헨 근처에 있는 다하우 수용소는 히틀러 치하에서 만들어진 최초의 집단 수용소로 알려져 있다. 히틀러가 독일의 총리로 취임한 지 약 5주 뒤인 1933년 3월 10일에 지어졌다. 다하우 수용소는 후일 나치 친위대가 건설한 수많은 수용소의 본부이자 훈련의 중심지였다.

　본부가 있다면 지부도 있다는 이야기일까?

　안타깝게도 그렇다. 제2차 세계 대전 동안 약 150개에 달하는 지부 수용소가 남부 독일과 오스트리아의 여러 곳에 세워졌다. 더불어 부헨발트에는 중부 수용소가, 작센하우젠에는 북부 수용소가 세워졌다. 얼마나 많은 사람들이 수용소에서 고통을 당했을까? 적어도 16만 명의 죄수가 본부 수용소에 수용되었고, 지부 수용소로는 9만 명이 거쳐 갔다고 하니 혀를 내두르지 않을 수 없다.

1 다하우 수용소를 나타내는 표지 2 수용소 입구 3 수용소 철창에는 노동이 자유롭게 한다는 말이 적혀 있다. 4 전쟁 중 독일과 점령국에 설치한 수용소 5 당시 다하우 수용소에 수용되었던 사람들. 대부분이 유대 인이며, 사회주의자, 반나치주의자들이다. 6 수용소 내 규칙을 따르지 않는 사람들을 벌하는 형벌 틀

도대체 히틀러 친위대의 취미는 수용소 건설이었나? 수용소도 너무 많고, 죄수들도 너무 많다. 왜, 무엇 때문에? 물론 정치적인 이유도 크다. 독재 체제나 전체주의는 늘 반대 세력을 무력으로 제거하고 진압하려는 속성을 지닌다. 그러나 히틀러 체제는 거기서 한발 더 나아가, 집단 수용소에 과학적 근거를 마련하기 위해 끔찍한 시도를 했다. 그것은 바로 자연 선택설과 멘델 유전학에 기초한 '우생학'이라는 것이다.

1 수용소 사람들이 머리와 수염을 깎았던 도구들이 전시되어 있다. 2 수용소 운동장의 오른쪽 중앙에는 수용자들의 생활을 나타낸 위령 조형물이 설치되어 있다. 3 수용소 내 공동 세면대 4 수용자들이 사용한 공동 화장실 5 빽빽하게 들어찬 나무 침대. 수용자들은 한 칸에 2명씩 생활했다고 한다.

'자연에 잘 적응하는 개체만 살아남는다'는 자연 선택설, 그리고 '유전 형질에는 우성과 열성이 존재한다'는 유전학의 가설. 우생학은 이를 바탕으로 인류를 유전학적으로 개량한다는 목적의 여러 연구를 시도했다. 나치 독일은 우생학을 극단적으로 받아들여, 유전성 정신병이나 백치, 유전성 기형 등의 질병을 가진 사람들을 안락사시키는 끔찍한 일을 저질렀다. 그와 함께 인종 청소도 감행했다. 유대 인들과 집시 민족은 유전적으로 열등하므로 세상에서 절멸시켜야 한다는 생각이 낳은 만행, 바로 대량 학살이다.

수용소 입구의 까만 철문에는 이렇게 적혀 있다.

"Arbeit Macht Frei. (노동이 우리를 자유롭게 한다.)"

얼마나 기만적인가. 철창 안에 사람을 가둬 놓고 강제 노역을 시키면서 자유라니. 수용소에 붙들려 있다가 결국은 죽어서야 자유를 얻을 수 있다는 의미일까? 입구를 들어서면 보이는 넓은 운동장의 한가운데에는 조형물이 하나 있다. 이곳에서 죽어 간 사람들을 추모하기 위한 것이라고 한다. 오른쪽에는 현재 박물관으로 쓰이는 나치군 행정 건물, 그리고 왼쪽에 유대 인 포로들이 살았던 막사가 있다. 수용 인원이 208명인데 많을 때는 1600명까지 꽉꽉 채워 넣었다니, 그 아비규환을 어떻게 말로 다 할 수 있을까.

전시관에는 나치의 등장과 패전에 이르는 역사가 기록되어 있었다. 또한 당시 수용소의 생활도 사진과 함께 볼 수 있었다. 그곳에서 우리는 잘못된 역사지만 진실된 기록을 남겨서 교훈으로 삼으려는 독일 사람들의 태도를 엿볼 수 있었다. 예상과 달리 초기의 수용소 생활은 비교적 자유로웠다고 한다. 그러나 제2차 세계 대전이 발발하면서 상황은 최악으로 치달았다. 다하우 수용소에서 질병, 영양실조 등, 이른바 '자연 감소'로만 적어도 3만 2000명의 입소자들이 죽었다.

1 가스실 및 시체 소각로가 있는 건물
2 시체 소각로. 보기만 해도 소름이
끼친다.

태도 불량자를 고문하던 형틀과 당시 수용소에서 사용한 소품들이 눈길을 끌었다. 대드는 사람들은 매질을 한 뒤 숙소 앞에 매달아 놓아 수감자들의 공포심을 유발시켰다고 한다. 심지어 사람의 몸을 재료로 비누나 사료 등을 만들기도 했다고. 그 작업실은 시체 소각로 옆에 아직 그대로 남아 있었다. 이 실험의 책임자였던 슈트루크홀트는 훗날 미국으로 건너가 미국 공군의 각종 우주 의학 연구 프로젝트에 참가했다고 한다.

입소자가 많아지고 제공되는 음식과 의료 혜택이 나빠지면서 죽어 나가는 사람의 숫자가 늘어나자, 나치 친위대는 1940년 여름에 수용소 한쪽에 가스실과 시체 소각로를 건설했다. 더 이상 노동이 불가능한 사람들은 주사를 놓아 죽이기도 했다. 의사들이 생명을 살리는 사람이 아니라 살인자가 된 것이다. 가스실은 샤워실로 위장하여 수용자들이 그곳을 아무런 경계 없이 들어가도록 유도했다. 그러나 살아남은 사람들의 증언에 따르면, 가스실은 시험 가동만 했고 대량 살상에 사용되지는 않았다고 한다. 가스실을 둘러보는데 한쪽에 꽂아 놓은 꽃에 자꾸 눈길이 갔다.

수용소의 끝에는 죽어 간 사람들을 위한 위령탑이 세워져 있었다. 그러나 끔찍한 살육의 현장에 세워진 이 위령탑이 그들의 영혼을 얼마나 위로할 수 있을까. 독일을 방문하면 역사적 현장인 집단 수용소를 꼭 봐야 한다는 생각으로 시간을 따로 내어 와 본 것인데 마음이 내내 무거웠다. 이날은 독일에서 머무른 날 가운데 가장 추웠고, 하늘도 회색빛 구름으로 덮여 있었다. 같이 갔던 한샘은 돌아오면서 "으슬으슬한 한기가 살을 파고드는 추위였다."고 말했다.

 다하우 집단 수용소 찾아가기

**교 통 편** ▶ 뮌헨 중앙역에서 S반(S2)을 타고 다하우 역에서 내린 다음 726번 버스를 갈아탄 뒤 수용소 앞에 하차한다.

역사를 재활용한
미래 지향의 과학관

# 독일 기술 박물관

09.11.2007 – 16.03.2008
aus der Zukunft der Automatisierung

"과학은 천국의 문을 열 수 있는 열쇠이면서
동시에 지옥의 문을 열 수 있는 열쇠이기도 하다.
하지만 '천국의 문을 열 수 있는 열쇠'라는
가치 자체는 부정할 수 없다."

리처드 파인만, 《과학이란 무엇인가?》 중에서

:: **관련 단원** 고등학교 물리 1 힘과 에너지  고등학교 화학 1 주변의 물질

# 이체를 타고 바람처럼 달려 보자

독일 여행의 마지막을 장식한 도시, 베를린. 프랑스의 테제베, 일본의 신칸센과 함께 유명한 고속 열차 중 하나인 이체를 타고 베를린으로 향했다. 우리나라 KTX의 차종을 정할 때 테제베와 함께 막판까지 경합을 벌였다는 이체는 최고 속도 300km/h를 자랑한다. 그런데 막상 타 보니 생각보다 많이 흔들렸다. 독일은 이체의 선로를 직선 코스로 새로 깔기보다는 기존의 곡선 코스를 최대한 활용했다고 하는데, 곡선 코스 구간에서 특히 흔들림이 심한 것 같았다.

프랑크푸르트에서 4시간 만에 도착한 베를린 역. 2006년 독일 월드컵 전날 개통되었다는 베를린 기차 역사는 유럽 최대의 규모답게 웅장하고 복잡했다. 베를린 하면 2006년 월드컵과 지난날 분단 국가의 상징이었던 베를린 장벽이 가장 먼저 떠오른다. 그러나 이곳에도 과학관이 있다는 사실! 특히 독일은 여러 독립국으로 나뉘었다가 통일된 연방제 국가이기 때문에 주 단위로 문화와 경제가 발달하여, 도시 곳곳에 특색 있는 과학관이나 박물관이 많았다. 한곳에 다 모여 있으면 발품도 덜 팔고 얼마나 좋을까 싶었지만, 그 덕에 여러 도시를 돌며 많은 경험을 할 수 있다는 것으로 위안을 삼았다. 더구나 여기는 어디? 독일의 수도 베를린! 수도에 있는 과학관은 뭐가 달라도 다르겠지?

우리는 여행의 피날레를 성대하게 장식할 수 있으리라는 부푼 기대를 안고 독일 기술 박물관으로 향했다.

역에서 나와 기술 박물관을 찾기 위해 사방을 두리번거리는데 한샘이 눈이 휘둥그레져서는 어딘가를 가리켰다.

"저기 좀 봐요. 비행기예요!"

비행기가 뭐 그리 놀랄 일이냐고? 우리의 눈앞에 놓인 그 비행기는 금방이라도 날아오를 것 같은 모습으로 한 건물의 꼭대기에 살포시 올려져 있었던 것이다.

"찾았다. 기술 박물관!"

미리 자료를 조사해 온 한샘이 외쳤다. 비행기가 올려진 그곳이 바로 우리가 찾던 독일 기술 박물관이었던 것이다. 실제 비행기를 저렇게 꼭대기에 올려놓다니……. 도대체 박물관의 규모가 어느 정도라는 거지?

1982년에 설립된 독일 기술 박물관은 처음엔 교통 박물관으로 문을 열었다가 시간이 지나면서 지금처럼 다양한 전시와 프로그램을 갖춘

¹박물관 꼭대기에 전시된 실제 비행기 ²1층 로비의 모습. 중앙에 매표소와 안내소가 있다.

현관 쪽 홀에 전시된 직물을 짜는 기계. 기계 앞 작은 상자 안의 버튼을 누르면 씨줄과 날줄을 엮어 볼 수 있다. 한 어린아이가 아버지의 도움으로 천천히 실을 엮고 있다.

종합 과학관의 성격을 갖게 되었다. 이곳은 과거 100년 전부터 화물 기차역과 기차 선로, 정거장, 기관차고, 그리고 공장과 냉동 창고, 가게 들이 즐비했다. 바로 그 무려 5만 ㎡나 되는 넓은 지역을 잘 정리하여 세계에서 가장 큰 기술 박물관을 세운 것이다. 특이한 점은 기존의 창고나 선로를 없애고 새로 건물을 지은 것이 아니라, 재건축과 확장을 통해 교통과 운송의 중심이었던 이곳의 이미지를 그대로 활용하였다는 것이다. 박물관의 이미지에 맞게 역사적인 분위기를 그대로 살린 멋진 재활용이라 할 만하다.

건물의 입구를 찾지 못해 헤매던 우리는 건물 옆으로 돌아가서야 작은 문 하나를 발견할 수 있었다. 작고 소박한 입구는 둥그런 홀로 이어졌고, 그 한가운데에 매표소와 안내소가 자리하고 있었다. 표를 사고 안내 지도를 받아 보니, 이 박물관은 우리가 들어온 건물 외에 여러 채의 건물이 모여 있었다. 비행기를 옥상에 올려놓은 곳이 신관, 우리가 들어온 곳이 현관이었다. 그 외에도 과거 기관차고를 개조한 기관차 전시관과 하우스관, 그리고 스펙트럼관이라는 과학 실험 활동관이 각기 조금 떨어진 곳에 위치해 있었다.

건물의 내부는 비행기, 기관차, 디젤 엔진과 증기 엔진, 직물, 선박, 가방과 보석, 전동 공구, 라디오와 카메라, 종이 등 총 14개 분야의 전시실로 나뉘어 있었으며, 각 분야별로 전시품과 관련 활동을 할 수 있었다. 비단 전시물을 보는 것뿐만 아니라 직접 체험하는 박물관이었던 것이다.

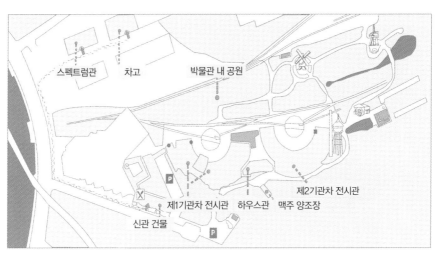

독일 기술 박물관 배치도

# 화폐와 미래 자동차에서 보는 과학

"저기 뭐가 있기에 사람들이 이렇게 붐비죠?"

정말로 이샘이 가리킨 계단 아래쪽에는 재미있는 전시물이 있는지 사람들로 북적였다. 가까이 가서 보니 한 아이가 책꽂이 같은 데서 코페르니쿠스와 갈릴레이가 그려진 화폐를 꺼내고 있었다. 천문, 화학, 생물, 물리 등 여러 과학자들의 화폐를 주제별로 모아 놓은 곳이었다.

"그러고 보니 우리나라는 과학자를 넣은 화폐는 없네요?"

내 말에 일행 모두 아쉬운 표정을 지었다. 우리나라도 곧 화폐에서 과학자들을 볼 수 있는 날이 오겠지?

본격적인 박물관 관람을 위해 우리는 계단을 올랐다. 직물 전시관이 있는 첫 번째 층은 곧장 신관과 하우스관으로 연결되어 있었다. 우리의 선택은 신관. 신관으로 향하는 통로에 들어서자 자동차 소리가 나기 시작했다. 차에 관한 전시물인가? 예상은 적중했다. 신관에서는 '새로운

자국의 화폐에 실린 과학자를 찾아보는 관람객들

## 하이브리드 자동차

하이브리드(hybrid)라는 말은 '잡종'이라는 뜻을 가지고 있다. 연료를 태워 엔진을 움직이는 내연 기관만 가지고 있는 보통 차에 전기 모터를 추가했기 때문에 하이브리드 자동차라고 하는 듯하다.

전기 모터로 시동을 걸면 일정한 속도가 될 때까지는 전기 모터로 운행된다. 그러다 가속시에 엔진이 가동되는데, 그때에도 전기 모터가 이를 도와준다. 속도를 줄이면 이전에 가던 힘으로 발전기를 돌려 운동 에너지를 전기 에너지로 바꾸어 배터리를 충전하고, 이 배터리로 전기 모터가 돌아가는 원리다. 이렇게 자체 충전을 하기 때문에 연료 사용이 적고 시동을 걸 때 엔진을 쓰지 않아 소음이 적다는 것이 하이브리드 자동차의 장점이다.

그런데 왜 아직 대중화가 되지 않는 것일까? 그건 전기 배터리 때문에 차가 무겁고 아직까지 생산 원가가 매우 비싸기 때문이다. 그러나 가장 현실성 있는 미래형 자동차이기 때문에 미국이나 일본, 캐나다 등지에서는 사용이 증가하고 있으며, 고유가 시대에 직면한 우리나라 역시 하이브리드 차에 대한 관심이 높아져 현재 개발 중에 있다.

가솔린 엔진과 전기 드라이브 모터의 동력을 가진 하이브리드 자동차. 차체 앞쪽을 개방해 엔진을 보여 주고 있다.

출발-석유 없는 운송'이라는 이름의 특별전이 열리고 있었다.

그곳에서 우리는 운송 연료로 석유를 쓰기 시작했던 1900년대와 독일에 자동차가 폭발적으로 증가했던 1960년대를 오늘날의 자동차 문화와 비교해 놓은 것과 각국에서 개발한 미래형 자동차를 볼 수 있었다. 특히 미래형 자동차는 내부 구조를 볼 수 있도록 단면을 잘라 놓거나 엔진 등이 따로 전시돼 있어서 자세히 살펴볼 수 있었다.

석유는 한정되어 있으니, 자동차의 연료를 언제까지나 땅속에서 뽑아낼 수만은 없는 일. 더군다나 자동차의 배기가스는 대기 오염의 주범이다. 배기가스 속의 일산화탄소와 탄화수소, 이산화질소 등의 질소 산화물들은 햇빛을 받아 뿌옇게 흐려지면서 시야를 흐리게 하고, 호흡기 질환을 일으키는 광화학 스모그를 만들기도 한다. 그러니 자원 절약뿐만 아니라 대기 오염 물질을 줄이기 위해 자동차 회사들이 경쟁적으로 연구하는 것은 인지상정이 아니겠는가. 미래형 자동차의 시대가 기다려진다.

[1] 이 계단을 오르면 본격적인 전시물이 펼쳐진다. [2] 직물관의 모습. 직물을 만들기 위해 섬유를 가연하고 뜨고 짜서 바느질하는 과정을 설명해 놓았다. [3] 신관으로 가는 연결 통로. 여기서부터 자동차 달리는 소리가 들린다. [4] 신관으로 올라가는 계단. 석유 없이 가는 자동차 전시답게 올라가는 곳에 석유값 대신 식물 기름과 천연가스의 가격이 표시되어 있다. [5] 석유 없는 운송 수단 전시실 [6] 박물관 안에 있는 쓰레기통. 분리수거를 위해 종류별로 나누어 놓았는데, 깔끔한 디자인이 인상적이다. [7] 친환경 운송 수단인 자전거를 타며 주행 속도를 보고 있는 아이들

# 전쟁의 아픔을 담은 잠수함, U보트

총 5층으로 된 신관에 들어서자 운송에 관한 전시물이 가장 많이 눈에 띄었다. 특히 1층과 2층에는 항해와 관련된 전설, 16세기 무렵 항해를 하기 위해 사용했던 기구들, 여러 가지 방법으로 만들어진 모형 배들, 프로이센 시절 커다란 범선, 독일 내륙을 오갔던 증기선, 전쟁에서 활약했던 잠수함과 군함, 오늘날의 여행용 요트까지 다양한 자료와 실물들이 전시되어 있었다.

곳곳에는 아이들의 항해사 체험이 이루어지고 있었다. 배의 키를 직접 잡고 돌려 보기도 하고, 요트에 직접 돛을 달아 보거나 잠망경을 보는 아이들의 모습이 자못 진지했다.

무엇보다 인상 깊었던 것은 U보트 잠수함. 뮌헨 독일 박물관에서 빌려 왔다는 작은 U보트 잠수함은 보관 상태가 좋아 잠수함의 해치와 끝에 달린 프로펠러까지 자세하게 볼 수 있었다.

"이 무시무시한 잠수함을 직접 보게 되다니……."

이샘이 잠수함 앞에서 혀를 내둘렀다. U보트는 제2차 세계 대전 때 2800대 이상의 연합군 선박을 침몰시키고, 4만 5000명의 연합군을 죽음으로 몰아넣었으며, 연합군의 물자 공급을 막은 무서운 독일 잠수함의 이름이다. 전쟁 초반 U보트로 고전하던 연합군은 레이더와 초음파로 물체의 위치를 찾는 소나라는 장비를 이용해 U보트와 치열한 교전을 펼쳤다. 결국 많은 U보트 잠수함은 연합군에 의해 두 동강이 났고,

¹ 세계 각국의 요트들 ² 직접 요트에 돛을 연결하고 있는 아이 ³ 항해 체험 기구. 갑판 모양의 기구 위에 올라가 커다 란 화면 앞에 놓인 키를 움직여 방향을 바꾸면 화면에서 그 방향으로 나아간다. ⁴ 잠수함이 전시된 전시실. 잠망경을 사용해 볼 수 있다. ⁵ 나침반이 없던 시절에는 어떻게 방향을 찾아서 항해를 했을까? 낮에는 고도계로 태양의 위치를 잡아서 방향을 찾고, 밤에는 북두칠성에서 북극성을 찾아 방향을 잡았다. 이곳에는 커다란 벽면에 태양이 있는 낮의 하늘과 북두칠성이 있는 밤의 하늘을 그려 놓고 그 앞에 고도계를 설치해 놓았다. ⁶ 신관 그라운드 층에 있는 배. 배 위에 관람객들이 올라가 둘러보고 있다. 각종 배들은 탈 수 있거나 단면이 잘려 있어 배의 구조와 모양을 잘 살펴볼 수 있다. 사진의 배는 내륙 운하를 다녔던 증기선이다.

전쟁은 연합군의 승리로 끝났다!

"독일 박물관에서 본 많은 전시물들이 전쟁과 관련되어 있어서 기분이 좀 이상해요."

내 목소리가 좀 우울하게 느껴졌는지, 이샘도 전보다 한결 차분해진 목소리로 대답했다.

"저도 그래요. 많은 과학 기술이 그렇듯이 U보트라는 잠수함을 만들게 된 기술도, 그 U보트를 찾기 위해 초음파를 이용하는 기술도 전쟁을 통해 발전한 것이니까요."

이런 치열한 전쟁의 비극사 덕분에 U보트는 〈U보트〉, 〈U-571〉 등 전쟁을 소재로 한 여러 영화에 출연하여 패전으로 인한 비극의 주인공 역할을 담당했다.

잠수함이 가라앉거나 뜨는 부력을 조절하는 것은 잠수함에 있는 탱크이다. 잠수함의 탱크에 해수를 채우면 잠수함의 밀도가 해수보다 높

1 나무와 쇠로 배를 만드는 과정. 배를 만드는 공구들도 함께 전시되어 있다. 2 제2차 세계 대전이 끝나가는 1944년에 만들어진 U-324. 뮌헨 독일 박물관에서 빌려 온 것으로 길이 9m, 폭 1.6m, 무게 6.25t짜리 일인용 U보트이다.

아져 급속도로 내려가게 되고, 반대로 공기를 채워 밀도를 낮게 하면 떠오르게 된다. 영화에서 봤던 거대한 크기는 아니었지만, 수면 아래로 빠른 속도로 내려가던 U보트의 모습이 눈에 보이는 듯했다.

## 비행기를 헤치며 걷다

3층에는 비행기와 로켓이 날아다니고 있었다. 각 층마다 전시된 다양한 비행기들은 주로 가운데 놓인 계단 주변에 걸려 있어서, 계단을 오르면 마치 날아가는 비행기들 사이를 뚫고 걸어가는 듯한 기분이 들었다. 특히 공격을 받아 무참히 부서진 전투기들이 많아 전장의 한가운데에

## U보트와 소나

독일 잠수함 U보트는 제1, 2차 세계 대전 때 대서양과 태평양에서 맹활약을 했다. 특히 제2차 세계 대전 중 스노클의 사용은 독일 잠수함 발전에 날개를 달아 주었다. 공기 흡입관인 스노클은 1933년에 네덜란드의 안 위처스라는 장교가 발명한 것으로, 잠수함이 수중에 있는 동안 디젤 기관에 신선한 공기를 공급하는 배기관이다. 디젤 기관은 실린더 안에서 공기를 고온으로 압축한 뒤 연료를 분사하여 폭발하는 힘으로 움직이기 때문에 더 큰 힘을 얻을 수 있다. 그 덕분에 독일 잠수함은 대형 잠수함으로 발달할 수 있게 되었다.

또한 잠수함의 위치를 찾기 위해서 수중 음파 탐지기도 함께 발전하였다. 이것은 수중으로 음파를 보내 잠수함에 부딪혀 돌아온 음파를 보고 잠수함의 위치를 찾는 기구이다. 음파의 속도에 부딪혀 돌아온 시간을 곱해서 잠수함까지의 거리를 계산하여 그 위치를 짐작할 수 있는 것이다.

$$\text{물체까지의 거리} = \text{초음파 속도} \times \frac{\text{왕복 시간}}{2}$$

서 있는 것 같은 느낌이 들기도 했다.

　제2차 세계 대전 당시, 나치 독일 공군의 주력기로 유럽을 공포에 떨게 했던 메서슈미트 Bf 109 전투기는 4층에 전시되어 있었다. 제1차 세계 대전의 패전 후, 베르사유 조약에 따라 군사력이 제한되었던 독일이 비밀리에 개발한 이 전투기는 독일 항공기를 대표한다고 할 수 있다. 한편 미사일 로켓으로 유명한 독일의 V2 로켓도 전시되어 있었는데, 그 높이 때문에 로켓 모양처럼 위로 뾰족하게 생긴 2층짜리 작은 전시실이 따로 마련되어 있었다. 전시실 안에서는 위층까지 솟아 있는 V2 로켓,

그 로켓이 발사될 때의 사진, 그리고 그때 떨어진 엔진 등을 볼 수 있었다. 제2차 세계 대전 때 장거리를 날아 바다 건너 영국의 런던을 무차별적으로 폭격하였던 이 로켓은 훗날 우주 개발의 밑거름이 되었다. 독일의 로켓 기술을 가져간 미국과 러시아에서 경쟁적으로 로켓을 개발하고 인공위성과 우주선을 쏘아 올렸으니까.

"이 V2 로켓이 없었다면 한국 최초의 우주인 이소연 씨도 우주 정거장에 갈 수 없었겠죠?"

V2 로켓에서 눈을 떼지 못하며 내가 묻자, 어느새 옆으로 다가온 이 샘이 대꾸했다.

"그럴지도요. V2를 개발한 폰 브라운 박사가 미국으로 넘어간 사이, 러시아가 독일의 V2 로켓 공장을 뒤지고 남은 설계도와 과학자를 챙겨서 만들어 낸 것이 바로 이소연 씨가 타고 간 소유즈 로켓이니까요."


## 기관차고의 어제와 오늘

신관과 반대편에 있는 기관차 전시장은 기관차고와 관청이 있던 건물이다. 옛 기관차고 건물 두 채와 선로가 U자 모양으로 나란히 있었다.

"이 오래된 건물을 그대로 살려 기관차 전시관을 만들었다니……"

"검소하고 합리적인 것은 독일인이 한 수 위 같네요, 그렇죠?"

우리는 독일을 여행하면서 많은 것을 배웠다. 그중에서 독일인들의

¹ 계단 주변으로 전시된 다양한 비행기들 ² 제2차 세계 대전 때 폭격으로 날개와 선체가 대부분 파괴된 전투기가 그대로 전시되어 있다. ³ 위로 날아가고 있는 노란색 비행기는 제1차 세계 대전 때 사용되었던, 날개가 2개인 Bücker Bü 131 비행기이다. 그 위로 날고 있는 D-7604 비행기는 제2차 세계 대전 말에 제작된 전투기. ⁴ V2 로켓 입구. V는 독일어로 vergeltung(보복)의 첫 글자이다. ⁵ V2 로켓. 길이 14m, 무게 12t(폭약만 1t)으로, 독일군은 음속으로 나는 이 미사일 로켓을 만들어 영국을 공포에 몰아넣었다.

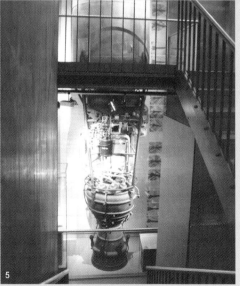

합리적인 생활 태도가 가장 인상적이었다. 기술 박물관을 둘러보면서 그런 생각이 더욱 짙어졌다.

전시관 안에는 1800년대부터 오늘날까지 베를린의 철도 역사가 시대별로 정리되어 있었다. 1800년에 사용됐던 기차 선로, 1848년 베를린에 처음 생긴 철도역, 1872년 독일에서 사용한 증기 기관차, 1881년의 전기 기관차 등 독일의 철도 역사가 한눈에 펼쳐졌다. 대부분의 기차들은 관람객이 안으로 들어가서 볼 수 있도록 되어 있었고, 기차 정비소가 있었던 창고답게 기차 바닥까지 볼 수 있었다. 낡은 선로 위에 나무로 된 초라한 화물 기차도 보였고, 나무를 때서 달리던 기차와 석탄을 태워서 달리던 증기 기관차도 보였다.

"저렇게 초라했던 기차들이 지금은 이체와 같은 고속 열차로 바뀐 거네요."

이샘의 말에 우리가 타고 왔던 이체의 모습이 떠올랐다. 속도나 규모

[1] O&K 사가 1872년에 만든 증기 기관차. O&K 사는 독일을 대표하는 기계 공학 회사이다. [2] 1880년에 사용된 기차 선로

에서는 엄청난 차이가 있을지라도 사람들의 몸과 마음을 원하는 곳까지 데려다 주는 것은 예나 지금이나 마찬가지가 아닐까? 기차의 발명이 얼마나 큰 일상의 변화를 가져다주었는지 새삼 느끼게 된 시간이었다.

## 과학 놀이터, 스펙트럼관

우리는 마지막으로 스펙트럼관을 찾았다. 스펙트럼관은 독일 기술 박물관의 과학 센터로 250여 개의 과학 실험 활동을 해 볼 수 있는 곳이다. 실험 정신이 투철한(?) 이샘이 무척 가고 싶어 한 곳이었다.

스펙트럼관에는 자연적인 빛과 열, 공기라는 주제와 인간이 만들어 내는 전기, 악기, 소리 등의 주제와 관련된 다양한 실험 활동이 놀이터처럼 아기자기하게 꾸며져 있었다. 교실 크기 정도의 방에 모인 같은 주제의 다양한 전시물이 깔끔했다. 탁자며 바닥, 심지어 전시물까지도 나무로 되어 있었는데, 화려한 디자인은 아니었지만 나무라는 친근한 소재 때문인지 매우 편안하게 느껴졌다.

제일 먼저 들어간 곳은 착시의 방. 관람객들은 다양한 착시 전시물을 돌려 보기도 하고 움직여 보기도 했다. 기하학적 착시, 원근의 착시, 밝기나 빛깔 대비로 보이는 착시 등 다양한 착시 현상을 보여 주고 있었는데, 그중에서도 천장 가까이에서 돌고 있는 그림 원반이 가장 눈길을 끌었다. 돌고 있는 원반의 그림들이 마치 소용돌이가 치거나 물고기가 헤엄치면서 가는 것처럼 보였다.

거울의 방도 흥미로웠다. 거울마다 서 있어야 할 위치가 표시되어 있었고, 그곳에 서면 거울에 따라 달라진 자신의 모습을 볼 수 있었다. 그중에서도 오목 거울과 볼록 거울의 상을 한 번에 볼 수 있는 거울이 인기 만점이었다. 전신 거울 앞에 서서 버튼을 누르면 볼록 거울이 되면서 점점 키가 작아지다가 거울이 천천히 들어가 움푹해지면서 오목 거울이 되는 동안 다시 키가 커지는 것이다.

"빈샘, 거기서 뭐 해요?"

아이들 틈에 끼어 줄을 서 있는 내게 이샘이 놀리듯 물었다.

"저, 이거 꼭 해 보고 싶은데 하고 가면 안 될까요?"

나의 간절한 바람에 이샘도 한참을 같이 기다려 주었다. 하지만 이샘의 배려가 무색하게도, 거울 앞에서 떠날 줄 모르는 아이들 때문에 결국 발걸음을 돌려야만 했다. 한편 유체 전시실에서는 공기나 물의 흐름에 관한 전시물을 만날 수 있었는데, 그중 공기를 모아 허공에 쏘는 공기 대포가 흥미로웠다. 무심코 그 앞을 지나가다 한 독일 여성이 쏜 공기 대포에 맞는 바람에 공기의 힘을 제대로 느낄 수 있었다.

이곳에는 특히 소리와 관련한 실험들이 많았는데, 30여 개의 소리 실험 전시물들을 체험하다 보니 소리와 음악을 제대로 이해할 수 있었다. 한쪽에서 아이들이 길이가 다른 금속관을 두드려 소리가 어떻게 다른지 들어 보고 있었다. 관에서 공명하는 소리는 관의 길이에 따라 달라지는데, 다른 조건이 일정하면 파장이 짧을수록 소리의 높이가 높아지므

로 결국 관이 짧을수록 높은 소리가 났다.

어떤 아이들은 복도에 있는 기다란 관에 귀를 대고 서로 이야기를 하면서 소리의 반사로 말소리가 빠르게 전달되는 것을 전화기처럼 사용하기도 했다. 그곳에서는 어른, 아이 할 것 없이 과학을 놀이로 즐기고 있었다. 그것이 이 스펙트럼 관의 목표이기도 했다. 즐거워하는 가족 관광객과 학생들을 보니 그 목표는 성공적인 듯했다.

실물 그대로의 비행기, 선박, 기관차를 본 기억은 쉽게 잊히지 않을 것이다. 독일의 과학 기술력은 생각보다 놀라운 수준이었다. 독일 기술은 꼼꼼하고 튼튼한 제품을 만드는 것으로 널리 알려져 있다. 우리에게

1 착시 전시실의 원반 그림들. 계속 돌고 있다. 맨 왼쪽 원반은 검은 선들이 물결처럼 흔들리는 것처럼 보인다. 2 거울 앞에 서 있는 독일 어린이가 오목 거울로 변하는 모습을 지켜보고 있다. 3 플라스틱 파이프로 연결된 소리 전화기 4 길이가 다른 금속으로 된 파이프를 두드려 보며 소리의 음색을 체험하는 가족 5 착시 전시실 내부

¹ 거울 전시실. 진짜 나는 어디에 있을까? ² 유체 전시실에서 아이들을 세워 놓고 공기 대포를 쏘는 어머니. 플라스틱 통의 뒷면에 두꺼운 비닐을 씌워 손으로 강하게 치면 통 안에 있던 공기가 압력으로 멀리까지 나가 아이들에게 충격이 가해진다. ³ 금속으로 되어 있는 긴 통이 복도 끝까지 연결되어 있어, 복도 끝과 끝에서 대화를 나누는 전화기로 쓸 수 있다. ⁴ 스펙트럼관 열 전시실의 적외선 체온 장치. 적외선으로 사람의 체온을 재는 장치이다. 사스 등 전염병이 돌 때 공항 등지에서 이 장치를 이용해 입국하는 사람들의 체온을 재는 데 사용한다. ⁵ 유체 전시실에서 어린아이가 바람을 불어 풍선을 붙이고 있다. 풍선 사이에 바람을 불면 기압이 낮아져 두 개의 풍선이 안쪽으로 다가온다.

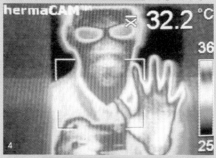

친숙한 BMW, 벤츠, 아우디와 같은 자동차를 비롯해 고속 열차 이체, 쌍둥이 칼로 알려진 헨켈스의 철강 제품들, 지멘스 전기, 아그파 필름, 바스크 화학 등 이름만 들어도 알 만한 독일 제품들이 이를 뒷받침해 주고 있다.

다양한 기술 분야의 최고 능력자를 마이스터로 인정하는 사회 분위기가 그들의 기술 능력을 세계 최고로 인정받게 하기 때문이리라. 뛰어난 기술력과 자신감으로 만들어진 독일 제품이 강하고 오래가는 까닭 역시 그 때문이 아닐까? 그 자신감은 이곳까지 이어져 있는 듯하다. 독일 기술 박물관은 그들이 오랜 세월 키워 온 과학 기술력을 충분히 자랑하는 공간이었다. 빈샘

독일 기술 박물관 찾아가기

**홈페이지** ▶ http://www.dtmb.de/index_en.html

**주　　소** ▶ Trebbiner Str. 9 10963 Berlin-Kreuzberg

**교 통 편** ▶ Möckernbrücke 역 (U1지하철 1호선, U7), Gleisdreieck 역(U1, U2),
　　　　　　S-Bahn Anhalter Bahnhof 역 (S1기차 1호선, S2, S25)

**개관 시간** ▶ 9:00~17:30(토, 일요일은 10:00~18:00)

**휴 무 일** ▶ 매주 월요일

**입 장 료** ▶ 일반 4.5유로, 어린이 2.5유로

## 건축물에 숨겨진 중세인의 세계관
# 고딕 양식

흔히들 중세 유럽을 종교의 시대라고 부른다. 특히 독일은 가톨릭 교회의 절대적인 영향을 받은 신성 로마 제국의 중심이었다. 지금까지 남아 있는 독일의 오래된 건축물은 대개 중세 시대에 지어진 성당들이다.

그런데 성당들의 모습이 어딘가 비슷하고 규칙적이다. 프랑크푸르트와 울름, 프라이부르크에서 만난 성당들은 모두 뾰족한 첨탑이 하늘을 찌를 듯이 솟아 있었고, 무엇보다 직선적인 느낌을 주었다. 그리고 화려한 장식과 그에 어울리는 아름다운 색깔들로 칠해진 스테인드글라스는 은은한 빛이 스며들 때마다 신비감이 일어 장엄한 분위기를 내는 데 안성맞춤이었다.

하늘 높이 솟은 첨탑은 천국에 좀 더 가까워지고 싶은 인간의 바람을 나타낸다고 한다. 그 꼭대기에 올라가면 하느님이 보일까? 또한 성당 내부를 보면, 신부님이 미사를 집전하는 제대가 동쪽에 있고 신도들은 서쪽에 위치하도록 설계되었다. 아침에 미사를 본다면 제대 쪽에서 해가 밝아 올 것이다. 하느님의 은총을 빛으로 묘사하는 경우가 많은 걸 보면 충분히 이해가 간다.

그렇다면 이 성당들은 어떤 건축 양식으로 지어진 것일까? 중세의 건축 양

¹하이델베르크 성. 숱한 전쟁으로 인해 파괴된 모습 그대로 많은 관광객을 맞이하고 있다. ²로마네스크 양식의 슈페이어 성당. 건물 자체가 육중해 보이고 창문의 크기가 작다. ³프라이부르크의 뮌스터 대성당. 건물을 짓는 데 자그마치 300년이 걸렸다. ⁴대표적인 독일식 고딕 성당인 울름 성당. 하늘을 찌를 듯한 첨탑의 높이가 무려 135m라고 한다.

식은 초기에는 로마네스크, 후기는 고딕 양식으로 발전되었다. 로마네스크는 중세 이전, 그러니까 로마의 건축 양식을 이어받은 것이다. 로마 건축은 긴 통로와 원형 건물의 특징을 지닌다. 원형 경기장이 대표적인 예라 할 수 있다. 중세 시대의 건축 양식은 여기에 가로지르는 통로가 더해진다. 그래서

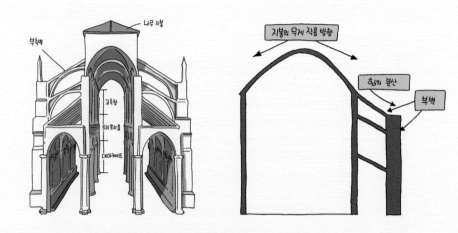

중세 시대의 성당을 위에서 보면 마치 십자가처럼 보인다. 기독교적 세계관이 보다 직접적으로 반영된 양식이다.

12세기경부터 보이기 시작한 고딕 양식은 13세기에 본격적으로 사용되기 시작했으며, 15세기에 르네상스 양식으로 넘어가기까지 약 3세기 동안 중세 건축 양식의 중심이 되었다. 고딕 양식은 로마네스크 양식의 문제점이 보완되고 한층 발전된 형태라고 할 수 있다. 로마네스크에 비해 복잡해졌고, 장식과 탑이나 창문의 모양 등은 확실하게 달라졌다.

로마네스크에서는 통로 양쪽에 기둥이 서 있고, 이들 사이에 엎어 놓은 둥근 그릇처럼 지붕이 U자형아치형으로 덮인다. 원형이나 사각형의 육중한 기둥이 있긴 하지만, 기둥과 기둥 사이에 있는 지붕의 하중은 벽이 나누어 떠받쳐야 했다. 따라서 로마네스크 양식으로는 벽에 유리창을 크게 낼 수 없었다. 어휴, 캄캄해. 만일 로마네스크 양식으로 지어진 건물 안에 있다면 분명히 그렇게 투덜댈 것이다.

그러나 고딕 양식은 다르다. 먼저 천장의 구조를 살펴보자. 아치와 갈빗살 같은 것이 여러 형태로 교차하는 것을 볼 수 있다. 이것을 첨두 아치라고 한다. 첨두 아치는 반원형 아치에 비해 힘을 분산하여 떠받치는 능력이 크다. 또한 주 건축물 옆에 부벽을 설치하여 지붕의 무게를 분산함으로써 지붕의 하중에 대한 부담이 줄어들어, 기둥이 점차 가늘고 높아지게 되었다.

고딕 양식의 건축물인 울름 성당의 기둥을 보면 둥근 기둥이 여러 개 뭉쳐져 있는 것을 볼 수 있다. 건축물을 역학적으로 만들 수 있게 되자, 고딕 양식의 건축물이 하늘을 향해 더 높아질 수 있었던 것이다. 또한 로마네스크 양식에서는 건물의 하중을 위해 존재해야 했던 벽에, 큰 창을 내어 스테인드글라스를 끼울 수 있게 하였다. 커다란 스테인드글라스에 성화를 그리거나 종교적인 상징물을 붙여서 보다 신비로운 분위기를 자아내었다. 이처럼 고딕 양식의 성당을 보면, 과학의 발전이 세계관의 표현을 더 풍부하게 해 준다는 것을 확인할 수 있다.

그런데 왜 '고딕'이라는 이름이 붙게 되었을까? 이것은 이탈리아 인들의 비웃음과 관련이 있다. 중세 이후 르네상스 시대의 이탈리아 인들은 중세 건축물들이 고전적인 그리스와 로마의 건축 양식과 일치하지 않는 것이 마뜩잖았다. 그래서 이것을 비난하기 위해 고딕이라는 표현을 쓰면서 "이건 북방 야만족인 고트족의 건축 양식이야!" 하고 비웃었다. 이것이 고딕 양식의 어원이다.

자, 이제 유럽을 여행하다가 어떤 건물에서 천장의 아치와 부벽, 알파벳 X자 모양의 갈빗살, 스테인드글라스, 하늘을 향해 수직으로 뻗은 첨탑……. 이런 것들이 있는 건물을 봤다고 하자. 이게 무슨 양식? 바로 고딕 양식! 아는 만큼 보인다고 하지 않던가. 건축물 속에 숨어 있는 과학의 원리를 이해하면 좀 더 많은 것을 볼 수 있지 않을까? 홍샘

그린이 정훈이

만화가. 1995년 만화 잡지 《영 챔프》가 주관한 신인 만화 공모전에서 입상하면서 데뷔했다. 《씨네 21》
에 영화 패러디 만화를 연재했다. 그린 책으로는 《정훈이의 내 멋대로 시네마》, 《정훈이의 뒹굴뒹굴 안
방극장》, 《트러블 삼국지》, 《거짓말 심리 백서》, 《너 그거 아니?》, 《과학 선생님, 영국 가다》, 《있다면?
없다면!》 등이 있다. 2000년부터 2003년까지 성덕대학 만화 애니메이션 & 디자인학과에서 스토리
구성에 관한 강의를 했다.


과학 선생님, 만들다리<br>
독일 가다

첫판 1쇄 펴낸날 2009년 4월 24일
　　9쇄 펴낸날 2017년 4월 20일

지은이 한문정 홍준의 김현빈 이봉우　그린이 정훈이
발행인 김혜경　편집인 김수진
주니어 본부장 박창희
편집 진원지 김채은
디자인 전윤정
마케팅 정주열
경영지원국장 안정숙
회계 임옥희 양여진 김주연

펴낸곳 (주)도서출판 푸른숲
출판등록 2002년 7월 5일 제 406-2003-032호
주소 경기도 파주시 회동길 57-9 파주출판도시
　　　푸른숲 빌딩, 우편번호 10881
전화 031)955-1410　팩스 031)955-1405
홈페이지 www.prunsoop.co.kr　이메일 psoopjr@prunsoop.co.kr

ⓒ 푸른숲주니어, 2009

ISBN 978-89-7184-808-1
　　　978-89-7184-390-1 (세트)

푸른숲주니어는 푸른숲의 유아·어린이·청소년 책 브랜드입니다.

* 잘못된 책은 구입하신 서점에서 바꾸어 드립니다.
* 본서의 반품 기한은 2022년 4월 30일까지입니다.

이 도서의 국립중앙도서관 출판예정도서목록(CIP)은 서지정보유통지원시스템 홈페이지(http://seoji.nl.go.kr)와
국가자료공동목록시스템(http://www.nl.go.kr/kolisnet)에서 이용하실 수 있습니다. (CIP제어번호:CIP2009001180)